NOTICE

Sur la Ville

DE GRANVILLE

PAR M. GUIDELOU,

A laquelle on a ajouté

un petit Sommaire Historique et Archéologique

sur le Mont-St-Michel, Tombelène, Saint-Pair
et les îles de Chausey,

AVEC LE CATALOGUE DES COQUILLES
de la côte de Granville,

ET LA FLORE MARITIME DE CETTE CÔTE.

GRANVILLE,

IMPRIMERIE DE NOEL GOT, ÉDITEUR,

PLACE DU COURS-JONVILLE.

1846

A Mon Rocher.

Quand à l'époque actuelle, il n'est bientôt plus de ville en France , quelque minime que soit son importance, qui ne montre avec orgueil , à l'étalage de son unique libraire, son *Guide de l'Étranger,* son *Vade-Mecum du Touriste,* titres d'autant plus pompeux, qu'il sont appelés à en imposer davantage à la crédulité du chaland, pourquoi n'essaierais-je pas, mon vieux Rocher, de mettre en lumière, sous la forme d'une modeste notice, les points qui te recommandent à l'attention et à l'intérêt des nombreux étrangers qu'attirent, chaque été, sur ton rivage, les plaisirs et les effets salutaires de tes bains de mer ?

Si jamais tu ne jouas un rôle principal dans ces grandes péripéties dont est semé le drame de la vie, ton humble histoire présente cependant quelques pages, que tu peux être fier d'offrir à la curiosité des lecteurs, il est, parmi tes fils, des noms réservés au respect et à l'admiration de la postérité.

Je dirai ton antique origine, ton vieux hâvre, où s'abritèrent d'abord quelques barques de pêcheurs, et devenu, de nos jours, l'un des plus beaux ports de marée de France. Je dirai comment vinrent échouer, sous tes remparts, les efforts des ennemis de la patrie, car, toujours, on te vit, fidèle aux couleurs nationales, prodiguer le sang de tes fils, pour les défendre.

Aux amis des arts, je dirai le pittoresque de tes noirs rochers, aux amateurs des plaisirs, je dirai ceux qui les attendent sur ta plage si belle, alors que les ardeurs de la canicule ont échauffé ta mer, devenue plus claire et plus limpide que l'eau des fontaines, et rouvert les portes du salon des bains, où, chaque soir, de gais quadrilles rappèlent les brillantes réunions de Musard, ce monarque absolu de la danse.

A la suite de cette esquisse, humble avant-coureur du tableau que nous promet une main habile et savante (*), j'offrirai au lecteur, un petit sommaire histo-

(*) Mʳ M.-D. ancien commandant de la place de Granville, s'occupe depuis plusieurs années, de la rédaction d'une histoire de cette ville, dont la publication est vivement désirée.

rique et archéologique, sur quelques
localités de ton voisinage, dignes, au plus
haut degré, de l'intérêt du voyageur.
L'exactitude et le mérite de ces docu-
mens, sont garantis par les sources auxquelles ils ont été puisés (*).

Enfin, je terminerai en donnant au
naturaliste, le catalogue des coquilles et
des hydrophites, qui se trouvent en si
grand nombre sur ta plage fertile.

Puisse le produit de cet opuscule con-
tribuer, mon vieux Rocher, à soulager
la misère de tes fils indigents, et j'aurai
complètement atteint le but que je me
suis proposé, en consacrant quelques
heures de loisir à sa rédaction.

G.

(*) Les mémoires de la Société Archéologique d'Avranches
et l'histoire du Mont-St-Michel, par l'abbé Manet.

A Monsieur J. E. Le Campion,

MAIRE DE LA VILLE DE GRANVILLE.

MONSIEUR,

    Les soins constans et dévoués que vous apportez à l'administration des affaires de la ville de Granville, et les témoignages d'intérêt que vous n'avez cessé de me prodiguer, m'engagent, à double titre, à vous offrir la dédicace de cette notice.

    Veuillez, s'il vous plaît, Monsieur, sans envisager le faible mérite de l'œuvre, bien indigne , sans doute, de vous être offerte, agréer l'hommage de cet opuscule, ainsi que l'assurance des sentimens de bien sincère dévouement, avec lesquels ,

J'ai l'honneur d'être,

MONSIEUR,

Votre très-humble et très-obéissant serviteur

GUIDELOU

Sec.⁺⁺ en chef de la Mairie.

GRANVILLE, LE   1845.

NOTICE

SUR LA VILLE

DE GRANVILLE

Le lieu qu'occupe aujourd'hui Granville faisait autrefois partie de la forêt de Scicy, qui, selon les chroniques, fut envahie par la mer en 709. Les premières constructions de cette ville datent du XIIe siècle. La dédicace de l'ancienne église et la création de la paroisse, sont de 1113. Cette paroisse était un fief noble, et des Gentilshommes en desservaient l'église ou chapelle. Selon quelques historiens, Philippe-Auguste donna à Jean d'Argouges, écuyer, seigneur de Grastot, le roc sur lequel Granville est construit, mais il nous semble bien plus rationnel d'attri-

I

buer la propriété de cette roche audit Jean d'Argouges, comme issu du mariage contracté en 1252 par Jeanne de Granville avec Raoul d'Argouges.

En 1439, le 26 octobre, par devant Jean Perrée, le jeune, tabellion juré au siège de St-Pair, haut et puissant seigneur Thomas sire d'Escalles de Melles, vidame de Chartres, capitaine-général des basses marches et sénéchal de Normandie, prit en fieffe et par hommage, à fin d'héritage, de Jean d'Argouges, seigneur de Grastot et de Granville, la roque, montagne et circuite de la dite roque de Granville, auquel lieu est assise l'église Notre-Dame de Granville, avec le droit de la grève et grevage, tant d'un côté que de l'autre, en tant que la roque se pourporte, et jusqu'au pont, et fut ce fait par en faisant par icelui seigneur audit écuyer et à ses hoirs, un chapeau de roses vermeilles pour chacun an, de rente, à la fête Saint-Jean-Baptiste.

Cette même année fut construite la

nouvelle église. Jean d'Escalles se disposait à faire bâtir une ville en ce lieu, quand Henri vi s'en empara. La première pierre de la forteresse fut posée en 1440, par un nommé Philippe Badin, abbé de la Luzerne. Des gentilshommes normands, parmi lesquels figurent un grand nombre des vaillans défenseurs du Mont S¹-Michel, en 1423, surprirent Granville en 1442, et en chassèrent les Anglais. Ils s'introduisirent dans la place par la douve du sud, en perçant la muraille d'une maison alors existant sur le rempart du midi, au lieu où aujourd'hui encore il en existe une, au sud-est de l'église.

Au mois de mars 1445, Charles vii, appréciant l'importance de Granville, comme point militaire, donna aux habitants de cette ville des privilèges, par lesquels toutes manières de gens, de quelque état qu'ils fussent, qui voudraient venir demeurer et faire résidence audit lieu de Granville, étaient dorénavant quittes et exempts des aydes ordonnés pour la guerre, ensemble de toutes tailles, emprunts et autres subventions, et redevances quelconques.

L'acte de concession de ces priviléges dit :

— « Nos anciens ennemis et adversaires les Anglais, lesquels, par forme de nouvelle habitation et création de ville, ont, puis vingt ans en ça ou environ, commencé à édifier, fortifier et emparer une place et champ séant sur un roc presque tout environné de mer, auquel n'avait aucun édifice ou habitation, fors seulement une église très-dévote, fondée en honneur et révérence de Notre-Dame, ladite place nommée Granville, que l'on dit être un des plus anciens pélerinages de notre pays de Normandie, et où sont avenus et aviennent souvent beaux et apparents miracles. En laquelle paroisse souloit avoir plusieurs villages, bourgades et hameaux appartenants à ladite place, auquel champ nosdits ennemis firent lors ville et château, comme en la plus forte et avantageuse place et clef du pays, par mer et par terre, que l'on peut choisir et trouver, afin de tenir ledit pays de Normandie et ses marchés voisins en subjection, laquelle place, puis quatre ans en ça, ait été par aucuns gens de guerre de notre parti, etc.

Louis XI, voulant indemniser le cardinal d'Estouteville, commendataire, les religieux et le couvent du Mont Saint-Michel, des dépenses par eux faites pour réduire à l'obéissance du roi de France la place de Granville, ainsi que des pertes que leur avaient fait éprouver les capitaines, officiers et gens de guerre en garnison dans cette place, qui, est-il dit, prirent au bourg de St-Pair, appartenant audit couvent, les bois, halles et cohues dudit lieu, ensemble les couvertures des maisons, pierres de taille, et généralement toutes les autres matières propres et choses propres et servant à édifier, et firent le tout porter audit lieu de Granville, pour eux loger, et toujours augmenter, croître et fortifier ladite place, et en outre, depuis et par lesdits capitaines, officiers et gens de guerre, fut soustrait et ôté dudit lieu de St-Pair, mis et fait crier, bannir et tenir audit lieu de Granville, qui ne sont distans l'un de l'autre que de demie lieue ou environ, un très-bel et notable marché, qui serait et aurait accoutumé venir audit lieu de St-Pair, par chacune semaine, au jour de samedy.

Louis XI, dis-je, voulant donner aux religieux une juste indemnité de ces pertes, leur abandonna par lettres patentes, en date du 29 novembre 1463, tout ce que son domaine pouvait avoir au roc et en la place de Granville, ensemble port et havre, ainsi qu'audit seigneur d'Estouteville, pour lui et ses successeurs, tous les droits de marché qui avait lieu audit St-Pair, et transféré à Granville, avec la coutume, justice et juridiction, et autres droits quelconques qu'ils avaient et pouvaient avoir, à cause dudit marché.

Le même Roi, ayant prétendu s'arroger des droits sur le patronage et la présentation à la cure de Granville, une sentence rendue le 3 février 1483, par les assises de patronage des églises vides et vacantes en la vicomté de Coutances, maintint dans lesdits droits, Pierre d'Argouges, écuyer, seigneur de Grastot, et du fief, terre et seigneurie pour la cure et église paroissiale de Notre-Dame de Granville en la grande portion, lequel tenait ce droit, comme descendant de dame Jeanne de Granville, fille de messire Thomas de Granville, chevalier, laquelle fut mariée en 1252 à messire Raoul d'Argouges, chevalier, fils de messire Guillaume d'Argouges. Or, par lettre passée en 1289, par appointement fait entre messire Guillaume d'Argouges, chevalier, fils desdits messire Raoul d'Argouges et Jeanne de Granville d'une part, et la dite Jeanne, d'autre part, la terre de Granville demeura à ladite Jeanne, avec le patronage dudit lieu.

Les privilèges, franchises et exemptions octroyés aux bourgeois de Granville, leur furent confirmés et augmentés par Louis xi, par ses lettres du 27 mars 1463, Charles viii et Louis xii, par leurs lettres des mois de février 1483, et janvier 1498. François 1ᵉʳ en 1514, Henry ii, Charles ix et Henry iii en 1582, Henry iv par lettres du mois de janvier 1592, Louis xiii par lettres du mois de mai 1618 et enfin Louis xiv par lettres du mois de septembre 1674.

Toutes ces lettres mentionnent de la manière la plus honorable, la fidélité et le dévouement des bourgeois de Granville, toujours prêts à disputer à l'ennemi, l'entrée du territoire de France.

Pendant la guerre des protestants et des catholiques, Granville demeura fidèle à la religion romaine et à Charles ix. Matignon y mit une forte garnison en 1562, et fit réparer ses remparts. Ces moyens de défense garantirent cette ville des tentatives de Montgommery; tant que durèrent les troubles, elle sut résister aux ligueurs, et quand la guerre fut finie, elle fit en 1599, sa soumission à Henry iv,

devenu catholique. Les bourgeois dépu-
tèrent vers ce Roi un sieur Pigeon de la
Noblerie, ancêtre des Pigeon-Litan.

Jusqu'à l'époque de la guerre de 1744,
le service militaire de la place fut fait
par la milice bourgeoise, ce ne fut qu'alors,
que des troupes furent envoyées pour la
première fois, en garnison à Granville ; il
fallut pourvoir au logement des gens de
guerre et aux fournitures alors à la charge
des villes. Les guerres de 1755 et 1763,
furent extrêmement funestes à Granville,
qui éprouva, plus qu'aucune autre ville,
des malheurs de tout genre. Une garnison
nombreuse, entièrement à la charge de
l'habitant, pour toutes espèces de fournitures, de logemens, de corps-de-garde, le
voisinage de trois camps consécutifs, son
commerce détruit par les pirateries des
Anglais, tous ses corsaires pris et brûlés,
ses marins morts au service ou prisonniers
de guerre en Angleterre, tout semblait con-
tribuer à la ruine complette de cette ville.

Granville, plus d'une fois, vit l'ennemi

II

dans sa rade, les citoyens se présentèrent toujours avec empressement pour en défendre les approches; on les vit sacrifier à l'envi leurs propres vaisseaux, et les couler à fond pour fermer l'entrée du port à l'ennemi.

Sous Louis XIV, les Granvillais obligèrent les Anglais, qui étaient venus bombarder la ville, à se retirer avec perte et à abandonner leur entreprise. Le roi, en témoignage de satisfaction, accorda des lettres de noblesse au sieur de Fraslin, l'un d'eux, et leur premier officier.

Les attaques les plus redoutables que Granville eut à soutenir, sont : le siège qui fut mis devant ses murailles par l'armée vendéenne en 1793, et le bombardement par les Anglais, en 1803; nous allons retracer l'historique de ces deux faits d'armes, où les Granvillais conservèrent leur belle et antique réputation d'hommes de courage et de dévouement.

SIÈGE DE GRANVILLE.

Le 21 brumaire an 2, le représentant du peuple Lecarpentier, informé que l'armée vendéenne se dirigeait sur Granville, déclara la ville en état de siège.

Le 24 du même mois, (14 novembre 1793), vers onze heures du matin, un hussard éclaireur ayant rapporté au commandant de la place, que l'ennemi approchait, la générale battit par ordre du représentant du peuple.

Les habitans des faubourgs ayant été instruits de l'approche de l'armée ennemie, les femmes se mirent à transporter leurs effets en ville; ce mouvement continuel obstruant le passage, le représentant du peuple requit la municipalité de faire défenses à toutes femmes qui ne seraient pas employées au service de la place, de sortir de leurs maisons ; cet ordre fut aussitôt exécuté, et le transport des effets cessa.

Peu de temps après, le représentant se rendit à la commune où était assemblé le conseil général, et il dit : Je sais que les rebelles s'avancent, je marcherai à la tête de l'armée, je périrai, s'il le faut, pour la défense de la liberté, je compte sur votre zèle et votre dévouement à la chose publique ! tous les membres du conseil répétèrent le serment de *vivre libres ou de mourir.*

Des chevaux, en réquisition depuis plusieurs jours, furent attelés aux caissons et canons de bataille, l'armée sortit des remparts, quelques escarmouches de cavalerie eurent lieu dans les plaines de St-Pair; le canon se fit entendre sur plusieurs points.

Les ennemis étaient en force; le représentant ne voulant pas compromettre la sûreté de la place et s'exposer à l'évènement d'un combat, fit replier l'armée, elle rentra vers les trois heures, les ponts furent levés, et les barrières fermées, tous les points susceptibles d'attaque furent garnis de forces imposantes.

Le trente-unième régiment, le sixième bataillon de la Somme et le sixième de la Manche avec leur artillerie, les deux compagnies de canonniers des Tuileries et de la Croix-Rouge, la compagnie des chasseurs d'Evreux, les canonniers de la garde nationale de Valognes, le premier bataillon du premier contingent du district de Carentan, quatre compagnies supplémentaires, un détachement de gendarmerie et un détachement de hussards, formant ensemble un effectif d'environ quatre mille hommes avec quinze pièces de canon, avaient été rapidement dirigés sur Granville, à la nouvelle de l'approche des Vendéens; la garnison de cette ville ne se composait que de six cents hommes, débris d'un corps qui venait d'être battu à Fougères.

Au moment de l'arrivée des Vendéens,

la porte de l'Isthme, placée au pied d'un
escalier de vingt-six marches, étant ou-
verte, et les habitans voyant que les clefs
n'arrivaient pas pour la fermer, prirent
le parti d'y précipiter des tonneaux et des
pierres, de placer en face deux pièces de
canon de quatre, ainsi qu'un détachement de fusiliers, pour repousser l'ennemi,
s'il se présentait par cette ouverture. On
ne sut à quoi attribuer ce fait; l'opinion
générale fut qu'il était dû seulement à la
négligence.

L'ennemi s'empara des faubourgs, où
il entra par petits détachemens très épars;
malgré le feu des batteries, il plaça des tirailleurs aux croisées des maisons du faubourg; sa cavalerie s'était avancée, dans
la persuasion qu'elle pourrait profiter de
l'entrée de l'armée républicaine, pour se
glisser dans la place; la batterie du cavalier placé à la tête de la rue des Juifs, la
repoussa vigoureusement.

Ce coup de main ayant échoué, les
Vendéens placèrent des canons sur les

hauteurs. Les premiers coups furent dirigés vers la batterie du cimetière; l'arbre de la liberté, placé à peu près dans cette direction, fut coupé par le sommet. La partie coupée fut aussitôt attachée au pied de l'arbre, avec le pavillon national et le bonnet de la liberté, aux cris de Vive la République!

Dans le même instant, un boulet frappa le toît de la maison commune, dans laquelle un autre pénétra par le mur de l'Est. Ce dernier fut déposé sur la table du conseil, et tous les membres s'écrièrent, d'une voix unanime, soyons fermes à nos postes!

Les tirailleurs ennemis ayant tué plusieurs braves canonniers à la batterie du cavalier, voisin de la maison commune, M. Clément-Desmaisons, officier municipal, s'aperçut que le feu s'y ralentissait; il s'y porta pour le ranimer; sa présence et sa fermeté produisirent leur effet, mais il était décoré de l'écharpe municipale, il fut distingué, et tomba frappé d'une balle à la tête.

Le représentant voyant que la place courait des dangers, réquit les autorités civiles et militaires, d'incendier les faubourgs, pour en débusquer l'ennemi. L'ordre transmis au conseil général, fut communiqué au commandant, pour être exécuté ! Les habitans des faubourgs virent rougir des boulets, préparer des chemises soufrées, diriger le tout sur leurs propriétés, et n'élevèrent aucune réclamation. Ils voyaient qu'il pouvait être funeste au département, et à la République entière, de perdre un poste qui donnerait aux Vendéens des moyens de communication avec les Anglais; ils sentaient qu'il fallait sacrifier leurs intérêts, et au besoin leur existence, pour le salut public, et on les vit crier : vive la République! au moment où leurs maisons et

leurs effets devenaient la proie des flammes ! (*)

Le feu continua de part et d'autre,
pendant la nuit, à la faveur du clair
de lune. Il devint plus vif au lever du
soleil, plusieurs pièces des assiégeans
furent démontées.

Ne pouvant plus soutenir le feu des
batteries de la place qui les foudroyaient
dans les maisons, ils abandonnèrent la
partie du faubourg en deçà du pont, et se
retirèrent avec précipitation dans l'autre.
Au passage du pont, ils furent salués par
un feu roulant d'artillerie et de mousquet-
terie, qui en détruisit un grand nombre.

On ne savait encore si cette retraite était
vraie ou feinte; dans le doute, la pru-
dence dictait de ne pas faire de sortie, et

(*) Que le lecteur rapproche la noble et généreuse conduite des habitans, qui ne reçurent, pour ces pertes
énormes, qu'une faible et bien insuffisante indemnité pour
leur mobilier, des prétentions exhorbitantes actuelles de
l'administration de la guerre, qui leur contéste la propriété
des terrains des faubourgs sur lesquels étaient situées leurs
maisons, qui furent incendiées, et qu'il fasse telles
réflexions que cette comparaison pourra lui suggérer !

de se borner à la canonnade ; elle fut continuée. Le représentant pensa que l'ennemi pourrait faire une nouvelle tentative ,
l'incendie avait cessé, l'adjudant-général
Vachot fut chargé de le renouveler, ce
qu'il fit, avec des détachemens.

Le canon des assiégeans continua jusqu'à la nuit ; à sept heures il s'éleva une
tempête, les vents du sud poussèrent la
flamme et des brandons enflammés sur
la ville; la possibilité de cet évènement
était prévue, les précautions étaient prises,
l'incendie ne se communiqua pas, mais
les inquiétudes ne cessèrent qu'au jour.

L'ennemi ne tirant plus depuis la veille
au soir, le pays ayant été suffisamment
éclairé , et la retraite des assiégeans étant
certaine, la garnison fut mise au repos, il
n'en resta sous les armes que le nombre
nécessaire pour la sûreté de la place.

Le conseil général de la commune
donna de justes éloges à ses concitoyens
canonniers, dont aucun n'avait abandonné
son poste. On vit, pendant toute l'action ,

les femmes de Granville, occupées à transporter les munitions, de l'arsenal aux batteries.

> Les femmes, malgré leur faiblesse,
> Aux hommes disputaient l'honneur ;
> Préférant alors, Mars vainqueur,
> Au faible dieu de la tendresse !
> (*Une chanson du temps.*)

La garnison fit également bien son devoir, et il fut voté des remercîmens, au représentant du peuple et au général.

Ce siège coûta la vie des vingt-trois citoyens désignés dans la liste suivante :

Officier Municipal.

1 Clément-Desmaisons, Jacques-François.

Marins de Granville, faisant le Service de canonniers aux batteries des remparts.

2 Sibron, Pierre-François-Nicolas.
3 Hervé, Pierre-Paul.
4 Jourdan, Michel.
5 Butot, Jacques-Thomas.
6 Philippe, Julien-Pierre.
7 Sebire, Pierre.

8 Lorbehaye, Guillaume-Jacques.

9 Avril, François-Olivier.

10 Avril, Pierre-Dominique.

11 Bourré, Jean.

12 Durand, Pierre.

13 Dodard, Raphaël.

14 Franquet, Pierre.

15 Lecuyer, Pierre.

16 Morand, Jean-Toussaint.

17 Ruel, Nicolas.

18 Rosey, Michel-Charles.

19 Huault, Julien-François.

20 Lebuffe, Jacques.

21 Herpin.

---

22 Dereaux, Pierre, de Saint-Nicolas-près-Granville, aussi marin.

23 Lecomte, Nicolas - Léonord, volontaire, de Carquebut.

Les trente-neuf personnes dont les noms suivent, appartenant à la population de Granville, y furent blessées.

1 Franquet, Olivier.

2 Gourdan, Jean.

3 Perrée, Nicolas, chef de légion.

4 Quesnel, Jacques.

5 Guérin, Jacques.

6 Philippe, Jean-Olivier.

7 Boisnard, Julien.

8 Louitel, Antoine-Michel.

9 Boschet, Pierre.

10 Ermange, Julien.

11 Jouvin, Charles.

12 Alix, Gaud.

13 Lehodey, François.

14 Clément, Claude-André.

15 Quinette, Charles-François.

16 Julienne, François.

17 Lamort, Jean.

18 Adam, Jean.

19 Gontier, Guillaume.

20 Verbois, Gaud-Olivier.

21 Adam, Nicolas.

22 Raciquot, Nicolas-Antoine.

23 Deschamps, Gilles-Jacques.

24 Gallien, Louis-François.

25 Fougeray, Denis.

26 Lepelley, François.

27 Marie, Nicolas.

28 Le Grandais, Jacques.

29 Ermange, Pierre-Nicolas.

30 Dairaux, Alexandre.

31 Ermange, Michel.

32 Mulot, Jacques.

33 Aubert, Etienne.

34 Menage, Nicolas-François.

35 Lamort, Pierre-Louis.

36 Le Buffe, Charles.
37 Lambert, membre du comité défensif.
38 Lamort, Anne, veuve Lefranc.
39 Vallée, Jacques, de Saint-Pair.

La ville de Granville reçut l'adresse suivante, de la société populaire de Coutances :

« Courageux habitans de la cité de Granville,

» Le siège que vous venez de soutenir
» contre les brigands, vous couvre à
» jamais de gloire. En sauvant votre
» ville, vous avez sauvé le département
» de la Manche, et nous osons le dire,
» la République entière. Recevez donc
» les témoignages de la vive reconnaissance
» de vos frères de la société de Coutances.
» Ils applaudissent de toute leur âme à
» votre invincible courage, à votre géné-
» reux dévouement, et dans les transports
» de la joie, que leur cause votre victoire,
» ils ont déjà crié plus d'une fois : vivent

» nos braves frères de Granville! vivent la
» République et la Montagne! Puisse
» le département de la Manche, être le
» tombeau du dernier des conspirateurs,
» et des traîtres à la patrie! »

Les commissaires de la société populaire de Coutances.

Signés : GUÉRIN ET JOUBERT.

Le siège de Granville ne dura que vingt-huit heures, mais les assiégeans y perdirent de quinze à dix-huit cents hommes, tant l'attaque et la résistance furent impétueuses.

Dans le courant de l'été suivant, le 5 messidor an II (23 juin 1794) la victoire des républicains au siège de Granville fut l'occasion d'une fête funèbre en l'honneur des héros morts à la défense de cette place. Le représentant Lecarpentier avait ordonné cet hommage civique et présidait à la cérémonie.

Un cortège nombreux se rendit avec le

proconsul, à la pyramide qu'on avait élevée sur les ruines du faubourg incendié.
Ce monument quadrangulaire portait sur
chacun de ses côtés une des inscriptions
suivantes : *L'an deuxième de la République,
les 24 et 25 brumaire, Granville et sa garnison triomphèrent ; un représentant du
peuple partagea leur péril et leur gloire. —
Citoyens, nous sommes morts en défendant
la liberté : — Vivez pour la patrie. — Cette
pyramide a été construite avec les débris
mêmes du faubourg que les habitans livrè-
rent aux flammes pour le salut public.*

Le représentant du peuple reçut l'urne
cinéraire des mains du maire de Granville,
et la déposa sur la pyramide ; puis il fit
un discours où il rappela les vertus du
premier Brutus, maudit les projets des
Vendéens, et se livra à de violentes invec-
tives contre les menées de l'Angleterre.
Des salves d'artillerie terminèrent la cérémonie, et l'on se sépara, en chantant des
hymnes nationaux.

La Convention nationale, voulant éter-
niser la mémoire de ce beau fait d'armes,
décida qu'un tableau, le retraçant, serait
offert à la ville de Granville.

La mairie de cette ville possède aujour-
d'hui cette belle toile, œuvre de M. Hue,
et dont une copie est au musée de marine,
au Louvre. Ce tableau fut inauguré à
Granville le 18 brumaire, an x, (9 novembre 1801).

Il est fort à regretter qu'il ne se trouve
pas dans l'hôtel de ville, un seul lieu où
cette magnifique peinture puisse être
placée sous un jour convenable.

L'auteur a reproduit l'action dans la
nuit, au moment où l'incendie de la rue
des Juifs est dans toute son intensité;
l'effet des flammes est d'une vérité et
d'une beauté prodigieuses, et forme une
opposition admirable avec la pâle clarté
de la lune, dont les rayons se jouent sur la
mer. Le pont du Bosq, qui se trouve en
premier plan, et les lieux circonvoisins,
sont couverts de Vendéens, et dans cette

IV

partie, le tableau est rempli de mouvement. M. Hue, voulant sans doute carac-
tériser l'esprit de l'armée assiégeante, a
placé sur le devant, un soldat enlevant la
montre d'un de ses camarades, étendu
sans vie. On voit le feu des chaloupes
canonnières qui, embossées près du môle,
balayaient de leur artillerie, le pont du
Bosq et ses abords.

Le pavillon national qui flotte sur les
forts de l'Isthme, donna lieu à un mot
heureux de la part de M. le duc d'Au-
mont, lors de son passage à Granville,
pendant la restauration. Ayant aperçu ce
tableau, à l'hôtel de ville, il remarqua le
drapeau tricolore, et dit aux personnes
qui se trouvaient près de lui : Ceci prouve
que les Granvillais sont également braves
sous tous les drapeaux.

BOMBARDEMENT

PAR LES ANGLAIS, EN 1803.

Le 27 fructidor an XI, (14 septembre 1803), à une heure et demie du matin, l'administration municipale de Granville, ayant eu connaissance que plusieurs bâtimens anglais approchaient de la place, se réunit afin de donner les ordres convenables, la générale fut battue, et les citoyens se rendirent à leurs postes. Les pompes et les pompiers furent distribués dans les différens quartiers de la ville. A deux heures environ, l'ennemi commença le bombardement, qui dura jusqu'à cinq heures et demie, les batteries de la place et les bateaux canonnières, ripostèrent vigoureusement au feu des bombardes anglaises, qui se retirèrent, ainsi que les autres bâtimens, lorsque parut le jour.

Les bombes occasionnèrent peu de mal,
quelques maisons furent froissées par les
éclats, quelques pièces de bois furent
brisées dans les chantiers, mais personne
ne fut blessé.

L'ennemi semblait avoir le projet d'at-
taquer de nouveau. La mairie se déclara
en permanence, défense fut faite aux citoyens, de conserver de lumière apparente,
dans les maisons donnant sur la mer, de
crainte que l'ennemi ne dirigeât les bombes de ce côté. Les habitans furent aussi
invités à mettre des cuves ou vases remplis
d'eau, près de leurs maisons, en cas d'incendie. Le pont du Bosc fut, de plus,
bouché, afin de retenir l'eau de la rivière,
dans la prévision du même malheur.

Le lendemain, à six heures du matin,
les navires ennemis, au nombre de huit,
dont une frégate, deux bombardes, une
corvette à trois mâts, deux bricks, une
goëlette et un cutter, disposés en ordre
de bataille, s'approchèrent des bateaux
plats, qui étaient également en ligne.

Les bombardes commencèrent à lancer des bombes, auxquelles les batteries de la place et les bâtimens répondirent vigoureusement, après un feu aussi vif que continuel, les bateaux plats levèrent l'ancre vers dix heures, et forcèrent les bombardes à les abandonner, les ennemis battirent aussitôt en retraite, on combattit ainsi jusqu'à environ midi, nos bateaux essuyèrent, pendant ces deux heures, le feu le plus soutenu de toute la division anglaise.

A midi, on s'aperçut que la frégate anglaise était touchée sur le banc de sable, dit *Haguet,* alors, ceux des militaires de la garnison qui n'étaient pas embarqués, s'empressèrent de traîner des bateaux, et conjointement avec les habitans, les mirent à flot, pour aider aux chaloupes canonnières à courir sur l'ennemi.

Les troupes s'embarquèrent, animées du plus vif désir de concourir à la défaite des Anglais, et ce fut un cruel désappointement, lorsqu'on vit, après tous ces préparatifs, la frégate se remettre à flot, à la marée montante; on remarqua toutefois, avec satisfaction, que, pendant son échouement, la frégate avait reçu plusieurs boulets, et était très endommagée.

Une quantité considérable de bombes furent lancées sur la ville, le port, les faubourgs et les chantiers. Pendant les huit heures que dura ce bombardement, dix maisons furent presqu'entièrement écrasées, et un nombre plus considérable très endommagé.

Un ancien marin, Mathieu Ponée, fut tué à son poste, sur le port; un soldat de la 24ᵉ demi-brigade d'infanterie légère, eut la jambe coupée, quatre autres furent blessés, mais moins grièvement. Dans cette journée, tous les citoyens, les militaires et les marins, déployèrent la plus grande bravoure et la plus grande fermeté.

Par un arrêté du premier consul, en date du 8 vendemiaire an XII, une écharpe d'honneur fut décernée à M. Letourneur, maire de Granville, pour sa belle conduite pendant le bombardement, et il fut, le 5 frimaire suivant, nommé membre de la Légion-d'honneur.

Pendant la dernière guerre, nos voisins d'outremer, eurent maintefois lieu de se repentir d'avoir imprudemment accosté Granville, de trop près ; la flotille en station dans son port eut avec leurs croiseurs de nombreuses escarmouches, parmi lesquelles nous citerons la suivante :

Le 26 messidor an XIII, (1ᵉʳ juillet 1805), au soir, le commandant de la marine ayant eu connaissance que deux corvettes anglaises étaient mouillées près des îles de Chausey, donna ordre à la flotille d'appareiller, ce qui fut exécuté de suite. Le temps le plus calme favorisa l'expédition. A deux heures et demie du matin, le 27, le combat s'engagea, et à sept heures, le pavillon britannique s'abaissa devant l'étendard français. A dix heures du matin, la flotille mouilla sur la rade, avec ses deux prises; c'étaient deux bricks, l'un de douze canons, ayant 47 hommes d'équipage, nommé le *Teasers*, l'autre, aussi de douze canons, monté de 43 hommes, et nommé le *Plumpers*.

L'ennemi eut huit hommes blessés, deux légèrement, trois, un peu plus grièvement, et trois dangereusement, parmi ces derniers était le capitaine d'un des bricks, auquel on fut obligé d'amputer un bras, un biscayen lui avait aussi traversé la cuisse; un autre reçut un biscayen dans le ventre, et le troisième, un éclat de mitraille au cou. Les navires furent criblés de boulets.

De notre côté, nous n'eûmes qu'un seul homme très-légèrement blessé.

Nos forces se composaient de six chaloupes canonnières, un dogre et une péniche, ayant à bord les voltigeurs du 28ᵉ de ligne, et des détachemens des 44ᵉ et 63ᵉ régimens, et du 1ᵉʳ régiment suisse.

L'expédition fut ordonnée par M. l'amiral Jacob, alors capitaine de vaisseau, et M. Collet, capitaine de frégate, commandant la flotille, fut chargé de l'exécution.

Peu d'années après, un grand brick de guerre anglais ayant voulu poursuivre trop loin dans la baie du Mont St-Michel nos chaloupes canonnières, d'un moindre tirant d'eau que lui, y échoua, et fut contraint de s'y brûler, pour ne pas tomber entre nos mains ; les hommes de l'équipage parvinrent à se sauver dans leurs canots.

Le commerce britannique éprouva sou-vent aussi de grandes pertes, de la part des corsaires de Granville ; ce port arma de tous les temps pour la course, et dans une requête présentée au roi, au mois de septembre 1750, par les Maire, échevins, bourgeois et habitans de Granville, pour l'obtention du roc de cette ville, entre autres moyens mis en avant pour obtenir cette faveur, on lit :

« Dans toutes les guerres, et notam-
» ment la dernière, les armateurs de
» Granville se sont le plus distingués par
» le grand nombre de corsaires qu'ils ont

5

» armé contre les ennemis de l'état, dont
» plusieurs de quarante canons et quatre
» cents hommes d'équipage; ce qui a
» rendu ce port très fameux, et redouta-
» ble aux ennemis, par beaucoup de
» prises faites sur eux. »

Nous empruntons à M. Verusmor, l'ar-
ticle suivant sur les corsaires de Granville
en 1779 et 1780.

« Pendant la guerre de 1778, qui éclata
» entre la France et la Grande-Bretagne,
» à propos de l'indépendance américaine,
» nos places maritimes armèrent à l'envi
» de nombreux corsaires pour courir sur
» l'ennemi, et s'enrichir des dépouilles
» du commerce anglais. Cependant, le
» pays formant aujourd'hui le départe-
» ment de la Manche, qui était loin alors
» de ce qu'il est maintenant, profita peu
» des lettres de marque, que le ministère
» Vergennes délivrait à profusion à tous
» les Armateurs. La presqu'île du Coten-
» tin, si favorisée par sa position topo-
» graphique, possédait à cette époque

» peu de négocians riches ; elle ne put
» imiter l'exemple donné par les ports du
» littoral voisin, qui rivalisaient d'activité
» dans les armemens pour la course.
» Cherbourg, déjà la ville la plus impor-
» tante de la contrée, sous le rapport de
» la population, se tint en dehors des
» chances que lui offrait la guerre ; soit
» qu'il se ressentît encore du dommage
» que les Anglais lui avaient fait, vingt
» ans auparavant, soit qu'il y eût pénurie
» de fonds ou plutôt indifférence chez
» ses négocians, le fait est qu'il n'avait
» armé en 1780 qu'une seule lettre de
» marque, faible bâtiment qui devint la
» proie du premier navire anglais qui le
» rencontra.

» Cherbourg, l'*Auberge de la Manche,*
» était bien l'asile, le refuge des corsaires
» des autres ports ; sans cesse on y menait
» des prises considérables ; mais il n'était
» pour rien dans ces riches captures qui
» improvisaient si subitement des fortu-
» nes colossales. Barfleur, si déchu de

» l'importance qu'il avait dans le moyen-
» âge, n'arma aucun corsaire; il en fut de
» même de Carentan. Quant à St-Vaast-
» la-Hougue, ce n'était encore qu'un
» modeste village, qui n'avait rien de
» l'opulence dont il jouit de nos jours.
» N'y avait-il donc que Granville qui fût
» en état d'avoir des corsaires? Nous
» l'ignorons; ce qui est positif, c'est qu'il
» n'y eut pour ainsi dire que ce port qui
» arma pour la course. Granville avait
» déjà un négoce florissant, des relations
» étendues; il fit des efforts, et dès la
» première année de la guerre, le
» commerce de cette place mit en mer
» trois corsaires, qui capturèrent une
» foule de bâtimens anglais.

» Le plus fort de ces trois corsaires
» était le *Monsieur-Frégate,* portant qua-
» rante pièces de canon. Ce superbe
» navire armé par MM. de Laforterie-Val-
» mont, Deslandes et Leboucher de Valle-
» fleur, était commandé par le capitaine
» Guidelou. Il croisa quelque temps dans

» le canal de Saint-Georges et sur les côtes
» de l'Irlande, avec le fameux corsaire
» américain Paul Jones. Dans la campa-
» gne de 1779, il fit dix-huit prises, dont
» trois seulement furent reprises, et ame-
» na à Granville de riches dépouilles et
» cinq cents prisonniers, parmi lesquels
» étaient des personnages de marque.

» Venait ensuite l'*Américaine,* frégate
» de trente-six canons, armée par Mes-
» sieurs Bretel de Vaumartin, Ernouf et
» Lahoussaye, et commandée par le
» capitaine Eudes de la Cocardière. L'*A-*
» *méricaine* fit croisière dans la Manche,
» sur les côtes des Comtés de Dorset, de
» Hants et de Sussex, avec le redoutable
» corsaire Makater, à qui le capitaine
» Eudes dut de n'être pas amariné. Cette
» frégate prit onze bâtimens anglais pen-
» dant l'année 1779. Sa campagne pro-
» duisit à ses armateurs un bénéfice de
» près d'un million.

» Enfin la frégate le *Prince de Mont-*
» *barrey,* de vingt-huit bouches à feu,

» commandée par le capitaine Boisnard-
» Maisonneuve, et armée par M. Lemarié-
» Deslandelles , père. Ce navire était
» mauvais voilier, défaut capital pour un
» corsaire , il ne put faire qu'une prise ;
» mais c'était heureusement un beau
» trois-mâts de la compagnie anglaise des
» Indes orientales , arrivant de Bombay
» avec une riche cargaison qui fut vendue
» 120,000 livres. A sa seconde sortie , le
» *Prince de Montbarrey* fut pris et conduit
» à Portsmouth , à la suite d'un combat
» où son brave capitaine soutint digne-
» ment l'honneur du pavillon Français ,
» en luttant tout un jour contre deux
» navires supérieurs en force.

« Dès l'année 1780 , Granville lança
» sur la Manche quatre nouveaux corsai-
» res : le *Patriote*, de trente-six canons,
» armé par les propriétaires de l'*Améri-*
» *caine* , et commandé par Monsieur
» Renaudeau père, la *Madame*, de trente-
» huit pièces de canon , appartenant aux
» armateurs du *Monsieur-Frégate* , et

» commandé par le capitaine Langlois,
» de Rouen; le d'*Aguesseau*, de trente-
» quatre canons, armé par Monsieur
» Anquetil-de-la-Brutière, et commandé
» par Monsieur Renaudeau fils, enfin le
» *Duc de Coigny*, frégate de trente-six
» canons, armée par Monsieur Lemen-
» gnonnet. Le brave Lesdos, de Carteret,
» avait été proposé pour capitaine de ce
» bâtiment, mais on ne put s'accommo-
» der, et il alla prendre le commande-
» ment d'un corsaire de Saint-Malo, sur
» lequel il se signala dans plusieurs com-
» bats. On ne s'arrangea pas mieux avec
» le capitaine Mignot, des environs de
» Cherbourg, qui commanda ensuite un
» corsaire du Havre, et fut récompensé
» de sa bravoure, par une épée d'hon-
» neur que lui donna Louis XVI. Nous
» ignorons quel fut, en définitive, le
» capitaine du *Duc de Coigny*.

» En 1781 et en 1782, d'autres cor-
» saires furent armés par le commerce

» de Granville, et la plupart, sans doute,
» à l'aide des prises faites sur l'ennemi
» dans les années précédentes. Ils rivali-
» sèrent de courage et d'audace avec leurs
» confrères de Saint-Malo, du Havre, de
» Dieppe, de Dunkerque, qui encom-
» braient les ports de la Manche de
» navires anglais et de marchandises des
» deux Indes. Les côtes d'Angleterre sur
» la Manche et sur la mer du nord, les
» parages orageux des Orcades, des
» Schetland, des Hébrides, le canal de
» Bristol, les attérages d'Irlande, toutes
» les mers Britanniques enfin, étaient
» sillonnées par nos lettres de marque qui
» désolaient le commerce de la Grande-
» Bretagne, en prenant, en brûlant,
» en détruisant ses navires sur les flots et
» jusque dans ses ports. Les corsaires de
» Granville se firent remarquer dans tou-
» tes les occasions; aussi leurs riches
» captures furent-elles la source de la
» fortune de plusieurs maisons de cette
» place de commerce, parvenue de nos

» jours à un si haut degré de prospérité
» et d'importance. »

Pendant la guerre de l'empire, le commerce de Granville n'arma que quelques corsaires, de peu d'importance.

L'incendie volontaire de la rue des Juifs à l'époque du siége, ne fut pas le seul fléau de ce genre dont Granville fut victime.

En 1763, le feu détruisit une partie des maisons des faubourgs.

Le jeudi 13 mars 1766, en prenant la fleur de tribord du navire le *Grand-Adrien-Marie,* le feu prit, et déjà la flamme montait jusqu'au haut des mâts; la consternation et l'effroi s'emparèrent des habitants, qui voyaient le port menacé d'une ruine totale. Quelques marins eurent le courage de s'élancer au milieu de l'incendie, et en arrêtèrent les progrès. La veille, semblable accident était arrivé en prenant la fleur du navire nommé le *Pierre-de-Grâce.*

Le 20 juillet 1786, le feu se manifesta, sur les dix heures du soir, dans le fau-

bourg de Granville, quartier de la Tranchée, dans la maison du sieur Fougeray,
occupée par le nommé Vastel, voiturier;
le vent du nord porta des flammèches sur
les maisons voisines.

L'incendie, qui était fort menaçant, put
être concentré dans le quartier. Quarante-
cinq maisons furent la proie des flammes.
On se rendit maître du feu, le 21, vers
quatre heures du matin, le vent ayant
passé à l'est. Le 22, on continua les travaux de précaution, pour achever d'étein-
dre les restes de l'incendie. Soixante-
dix-sept ménages, composant deux cent
quatre-vingt-onze personnes, hommes,
femmes et enfants, furent victimes de cet
incendie. Une femme, quoique éloignée
du lieu de l'incendie, mourut de frayeur;
la fille du nommé Vastel, âgée de quatorze
ans, qui était sortie en chemise, voulut
rentrer pour sauver ses effets et fut brûlée.
Sa mère fut dangereusement blessée. Une
femme voulant se rendre sur le lieu du
sinistre se précipita par dessus le rempart

de l'Isthme, et se démit une jambe ; on eut, en outre, à constater quelques autres blessures, mais légères.

La population de Granville essentiellement adonnée à la navigation, a constamment fourni, et fournit encore à la marine de l'état, un contingent considérable d'officiers de tous grades, dont les talents nautiques et la bravoure à toute épreuve ont toujours été reconnus, et parmi lesquels, plusieurs noms seront à jamais honorablement cités dans les fastes de notre gloire maritime. A leur tête nous placerons M. Pleville-Lepelley. (1)

Il nâquit à Granville le 18 juin 1726, et

(I) Sur quinze Officiers-Généraux de l'armée navale, nés dans le département de la Manche, huit appartiennent à Granville : 1° Pleville-Lepelley, vice-amiral, ministre de la marine, mort en 1805, 2° Dumanoir - Lepelley, contre-amiral du 7 frimaire an 8, 3° Baron Méquet, contre-amiral honoraire, mort en 1824, 4° Le Coupé, contre-amiral, du conseil d'amirauté, mort en 1840, 5° Baron Hugon, vice-amiral, né en 1783, 6° Louvel-Desvaux, contre-amiral honoraire, mort en 1843, 7° Epron de la Horie, contre-amiral honoraire, mort en 1841, 8° Quernel, contre-amiral en activité de service.

commença à naviguer à l'âge de douze ans. Il obtint bientôt le commandement d'un corsaire, il se battit contre plusieurs corvettes anglaises. Un boulet lui emporta une jambe. Ce mémorable combat le fit passer en 1755 dans la marine royale. Nommé capitaine de port à Marseille, il rendit les plus grands services dans l'expédition du maréchal de Richelieu contre Mahon.

Deux frégates Anglaises, poussées à la côte près de Marseille, allaient inévitablement faire naufrage, M. Pleville donne ordre aux pilotes de leur porter secours; ceux-ci hésitant, il ne balance pas à s'embarquer lui-même; son exemple entraîne, et les frégates sont sauvées.

Lord Jervis, capitaine d'une des frégates, fut chargé d'offrir à M. Pleville l'expression de la reconnaissance de S. M. Britannique, et de lui présenter, au nom de l'amirauté, un vase d'argent, sur lequel était une inscription rappelant ce fait, d'autant plus honorable, que la France et l'Angleterre étaient alors en guerre.

L'Empereur d'Allemagne, frère de Marie-Antoinette, étant venu à Marseille, sut apprécier M. Pleville ; avant de quitter la France, il écrivit à sa sœur pour le lui recommander, en la priant de lui faire obtenir de l'avancement et une pension. Ce monarque le désignait comme l'un des meilleurs officiers de la marine.

Le comte d'Estaing, appelé au commandement d'une escadre en 1778, fit de M. Pleville son conseil, et lui confia la mission la plus délicate, l'approvisionnement de l'armée. Son zèle lui fit courir, à Boston, les plus grands dangers dans une émeute populaire.

Les États-Unis d'Amérique reconnurent les services importants de M. Pleville, en lui conférant l'ordre de Cincinnatus, quoiqu'il ne fût alors que lieutenant de vaisseau, et que cette distinction ne fût accordée qu'aux capitaines.

Lors de la révolution de 1789, M. Pleville

fut élevé aux premiers emplois, négociateur, ministre de la marine et des colonies, vice-amiral, sénateur, il fut constamment fidèle à ses devoirs.

Chargé, comme ministre, d'une mission dans les départemens maritimes, quarante mille francs lui sont alloués, il n'en dépense que sept mille et veut rendre le reste; on ne peut le recevoir, la totalité ayant été portée en dépense; M. Pleville emploie cet excédant à faire construire un télégraphe sur le ministère de la marine.

Lors de la création de la Légion-d'Honneur, il fut nommé grand officier de l'ordre.

Cet homme vénérable mourut à Paris le vingt-deux septembre 1805, il fut inhumé au champ du repos sous Montmartre, et l'inscription suivante fut placée sur sa tombe :

Hic requiescit
GEORGIUS-RENATUS PLEVILLE-LEPELLEY
Grandivillæ natus, anno 1726, *die Junii* 18,

Mortuus Parisiis, anno reipublicæ 14, *die*
Vend. 10, *octogesimum annum agens.*
Vir verè vir,
Bonus pater,
Inter cives amore patriæ et integritate morum,
Fide in amicos usquè totâ et probatâ,
Inter milites fortitudine ac vulneribus;
Dextro crure primùm suo,
Bis deindè ligneo truncato per prælia,
Insigniter commendabilis;
Quem Angli hostes
Seu ducem dè navibus bellicis,
Per maria omnia tonantem,
Seu legatum dè pace fœderibus que tractantem,
Pertimuerunt :
Quem Angli naufragantes
Procellosis Massiliæ littoribus,
Servatorem impavidum benè experti,
Obstupuerunt ;
Quo Respublica nostra
Coloniarum et rei navalis ministro,
Incorrupto, providenti, strenuo
Gloriatur :
Quem senatus gallicus,
Deliberantem voventem que
Quasi Nestor suum audivit.
Cui modesto piè memores,
Humilem hunc lapidem, eheu! periturum
Exstruxere,
Filia, gener, neptes, nepotes, propinqui,
Et amici
Lugentes insolabiliter.

En voici la traduction :

Ici repose Georges-René Pléville-Lepel-ley, né à Granville le 18 juin 1726, mort à Paris le 10 vendémiaire an xiv de la République, âgé de quatre-vingts ans, homme vraiment homme, bon père, citoyen infiniment recommandable par son amour pour sa patrie, par la pureté de ses mœurs, par un attachement à toute épreuve pour ses amis : guerrier illustre par sa valeur et par ses blessures ; il eut la jambe droite emportée dans un combat, et la jambe de bois qui la remplaça, éprouva ensuite le même sort. Les Anglais le redoutaient également, soit qu'il parcourût les mers en lançant les foudres de la guerre, soit qu'il traitât avec eux des conditions de la paix. — Ces mêmes Anglais qui avaient éprouvé sa valeur, admirèrent son humanité quand, près de faire naufrage, ils furent poussés par la tempête sur les côtes de Marseille ; le Gouvernement se glorifie d'avoir eu en sa personne, un ministre de la marine et des colonies, incorruptible, prévoyant, courageux. Le Sénat français l'écoutait comme un autre Nestor, soit qu'il délibérât, soit qu'il émît son vœu; sa fille, son gendre, ses petits enfants, ses neveux, ses autres parens et amis, inconsolables de sa mort, lui ont élevé cet humble monument, qui, hélas! ne doit pas toujours subsister!

Le 24 vendémiaire an XIV, (16 octobre 1805) une fête funèbre à la mémoire de cet illustre citoyen, fut célébrée dans sa ville natale.

Pendant un voyage fait à Granville par M. Pleville-Lepelley, l'administration municipale de cette ville lui témoigna le plus vif désir d'avoir son portrait; ce vœu lui ayant été itérativement adressé, M. Pléville y souscrivit enfin, et ce portrait arriva à Granville, au mois de juin 1786, il était accompagné de la lettre qui suit :

7

A Messieurs Perrée, Lucas-Desaulnais, Fougeray, Maire et Échevins de la ville de Granville.

Messieurs,

» Lorsqu'à mon dernier voyage à Gran-
» ville, j'eus l'honneur de vous présenter
» mes devoirs, vous daignâtes me deman-
» der mon portrait; je n'osai accéder à
» cette bonté: vous ne consultiez que
» l'excellence de vos âmes, et personne
» mieux que moi ne pouvait sentir com-
» bien peu je méritais cette distinction
» insigne. »

» La répétition de cette volonté, que
» j'ai reçue par une de vos lettres, est
» un ordre pour moi; et je sens, par ré-
» flexion que, sans perdre de vue la juste
» cause de mon premier refus, je puis
» par mon obéissance, remplir le vœu le
» plus ardent de mon cœur. »

» La voilà donc, cette image de l'hom-
« me qui vous est le plus véritablement
» dévoué.

» C'est à ma patrie, c'est à mes conci-
» toyens que je dois, et à qui j'aime à
» devoir mon existence. C'est sur leurs
» vaisseaux, sur leur exemple, d'après
» leurs principes, leurs leçons, que j'ap-
» pris les premiers élémens de mon mé-
» tier, que j'aimai la carrière que j'em-
» brassai, et si les faveurs, les grâces
» dont j'ai été comblé, ont récompensé
» dans moi, plus le zèle et la bonne vo-
» lonté de servir mon Roi, que les talens
» et la capacité, ces honneurs, celui qui
» en est honoré, tout est votre ouvrage,
» et ce tout doit vous être reporté. »

» Plein de cette vérite, je viens,
» Messieurs, je viens vous rendre un
» hommage juste, éternel, en me con-
» formant à vos désirs. Que ce portrait
» soit donc pour jamais un gage respec-
» tif entre nous. »

» Que ma patrie se complaise à voir
» sans cesse à ses pieds celui de ses
» enfants pour qui elle a le plus fait,
» et dont le souvenir de lui appartenir
» fait la gloire, et a formé dans lui le
» véhicule de tous ses actes. »

» Pour vous, Messieurs, veuillez,
» en honorant ce portrait d'un regard,
» vous rappeler qu'il est devant vous,
» et pour vous, le seul signe physique
» et possible de ma reconnaissance infi-
» nie, et de tous les sentiments de véné-
» ration et d'estime que vous porte mon
» cœur, de concert avec tous mes con-
» citoyens. »

» Oh jour fortuné !... Oh Gran-
» ville !... Oh mes compatriotes !...
» quel prix je reçois d'une carrière que
» j'ai tâché de rendre digne de vous !
» la providence peut la terminer à son
» gré : elle est remplie.... et mon cœur,
» dans l'ivresse du bonheur, n'a plus

» rien à désirer que votre félicité géné-
» rale. »

Je suis très-respectueusement,

Messieurs,

Votre très humble et très obéissant serviteur,

PLEVILLE-LEPELLEY,

Bourgeois de Granville, Capitaine des vaisseaux du Roi,
et du port de Marseille, chevalier de Saint-Louis
et de Cincinnatus.

Versailles, le 26 Juin 1786.

A cette lettre M. Pleville-Lepelley avait
joint la pièce ci-après :

*Compte rendu des grâces dont j'ai été ho-
noré, pour la connaissance du portrait.*

« J'ai été décoré de la croix de St-
» Louis après seize ans de services expi-
» rés, cinq ans avant le temps exigé,
» en 1773.

» L'Empereur passant à Marseille en
» 1777, et me donnant l'ordre de ne pas
» le quitter, répondant à tout ce qu'il
» me demandait, je l'accompagnai pen-

» dant trois jours, et les nuits je tra-
» vaillais avec lui, sur toutes les parties
» du service et d'administration, sur
» lesquelles il lui plaisait de me faire des
» demandes ; il me parut satisfait en
» partant, et dès son arrivée à Vienne,
» il écrivit à la reine, sa sœur, de de-
» mander et d'obtenir du Roi, une pen-
» sion de mille livres pour moi.

» Vous avez su le naufrage de la
» frégate anglaise l'*Alarme* en 1770, sur
» les rochers de la rade de Marseille ;
» vous apprîtes dans le temps, Mes-
» sieurs, que je la sauvai, et bien aux
» risques trois fois de ma vie : que je
» l'entrai dans le port de morte-eau,
» le mauvais temps continuant, qu'elle
» y coula peu après ; que je la relevai
» par la seule pulsion de l'eau, que je
» l'abattis en carène, sans mâts, et que
» je la radoubai, contre l'avis de Londres,
» de Brest et de tous.

» La nation Anglaise m'expédia, en
» 1772, un amiral, porteur d'une urne

» en argent, que vous voyez au bas de
» mon portrait, le capitaine de ladite
» frégate y était embarqué, et vint me
» la présenter, avec ordre de ne voir
» personne autre que moi.

» L'inscription sur un côté de l'urne,
» opposé à celui des armes d'Angleterre,
» est comme suit :

Georgio Renato Pleville-Lepelley nobili normano Grandivillensi, navis bellicæ et portûs Massiliensis præfecto, ob navem regiam in littore Gallico periclitantem, virtute diligentiâ q. servatam, septemviri rei navalis Britannicæ liberâ mente dono dicârunt.

«Leur lettre est conçue en ces termes :

La qualité des services, Monsieur, que vous avez rendus à la frégate l'Alarme, fait l'envie noble et l'admiration de l'Anglais : des travaux comme les vôtres mériteraient que la providence les couronnât ; vous avez dans votre âme une bien flatteuse récompense, mais nous vous prions d'accepter comme gage de notre estime éternelle, ce que le sieur Jervis, capitaine de vaisseau, commandant encore ladite frégate, est chargé de vous remettre de notre part, au nom et d'ordre de Mylord.

Signé : S<small>TEPHENS</small>.

« Comme il me fallait la permission
» de mon Roi de recevoir l'ambassadeur
» d'Angleterre, j'avais eu l'attention de
» la demander, et elle me parvint dans
» les termes suivants, de la main de Sa
» Majesté : »

Il m'est agréable de compter parmi mes sujets un officier de mérite tel que le sieur Pleville, qui par ses talents et son courage, ait pu rendre, à une nation que j'estime, un service aussi instant que celui qui a trait à la frégate anglaise l'Alarme, et je consens avec plaisir, qu'il reçoive de l'Angleterre, le présent qui caractérise la reconnaissance de cette nation envers cet officier.

Signé : L<small>OUIS</small>.

« Le Congrès de l'Amérique ayant
» établi, après cette dernière guerre,
» la société de Cincinnatus, pour récom-
» penser quelques nationaux et étrangers
» qui avaient le plus servi à la liberté
» de l'Amérique, le Congrès ayant aussi
» décidé que cette marque de distinc-
» tion ne serait donnée qu'aux colonels
» et capitaines de vaisseaux ayant servi
» dans cette contrée, l'ordre me fut
» conféré en 1785, l'année de l'établis-
» sement, comme capitaine de vaisseau
» ayant rang de colonel, ayant servi et
» fait les fonctions d'intendant-général
» à l'armée commandée par M. le comte
» d'Estaing en 1778 et 79. »

Pour copie : à Versailles, le   Juin 1786.

Signé : PLEVILLE-LEPELLEY

La mairie de Granville possède ce magnifique portrait en buste, qui repré-
sente M. Pleville-Lepelley en uniforme
de capitaine de vaisseau du temps ; il
est admirable de ressemblance et d'exé-

8

cution, mais par un incroyable vandalisme, prenant sa source dans un patrio-
tisme fort mal entendu, on crut devoir,
pendant l'empire, faire disparaître les
décorations des ordres de St-Louis et de
Cincinnatus, auxquelles on substitua
maladroitement l'étoile de la légion-
d'honneur.

Cet anachronisme n'existe plus depuis
quelques temps ; on n'a malheureuse-
ment pu rétablir que la croix de St-
Louis, n'ayant pas de modèle pour celle
de Cincinnatus.

Le même motif qui avait engagé à détruire les décorations, avait aussi porté
à enlever l'inscription du vase ; l'igno-
rance où l'on était de la disposition dans
laquelle cette inscription était placée, a
également empêché de la rétablir.

Granville peut citer aussi avec orgueil,
ses femmes, qui ont, dans mainte occasion, donné des preuves de grand courage, et du plus noble dévouement. Nous

les avons vues, pendant le siége de 1793,
servant les canonniers, transporter de
l'arsenal aux batteries les munitions, bra-
vant la mitraille de l'ennemi, et ne le
cédant en rien aux hommes pour la fermeté; nous allons citer quelques traits
non moins honorables pour elles;

Dans le cours de l'été de l'année 1780,
Jeanne-Rosalie Mahault, surnommée la
Batelière, âgée de 24 ans, étant seule
à la pêche dans son canot, près du
lieu où se baignait le nommé Pierre-
Célestin Ternisien, soldat au régiment
de Berwick, celui-ci entraîné par les
courans, perdit pied et allait périr; déjà
il était privé de sentiment lorsqu'il fut
aperçu par cette jeune fille qui, mettant
de côté une fausse pudeur, pour ne
voir qu'un malheureux en péril, se di-
rigea aussitôt vers lui, et l'embarqua à
grande peine dans son bateau, où après
l'avoir couvert d'une partie de ses propres
vêtements, elle le ramena à terre, et des
secours lui ayant été immédiatement

prodigués, il fut rappelé à la vie.

Ternisien, reconnaissant, ayant demandé et obtenu la main de celle à qui il devait la vie, le 19 décembre 1780, elle fut conduite à l'autel par M. Yset, maire de Granville, et ramenée à son ménage par M. Ryan, mestre de camp, colonel en second du régiment de Berwick et commandant de la place. Elle fut accompagnée par les officiers, et suivie de la musique dudit régiment.

La ville n'étant en mesure d'offrir qu'une somme de 200 livres aux nouveaux époux, et désirant suppléer à l'insuffisance de cette somme, accorda à Ternisien, et aux enfants qui naîtraient de son mariage avec ladite Mahault, le droit de bourgeoisie, avec l'exemption de tous impôts et contributions aux charges publiques.

Pendant la guerre de 1778, la nommée Jeanne Elie, âgée de trente-trois ans, étant à la pêche de pied, dans la grève du nord, aperçut un canot monté d'un seul homme, que les vents poussaient à la côte. Cette fille, douée d'une grande force et d'un mâle courage, ne craignit pas de se mettre à l'eau, pour aller s'assurer quel était l'individu qui abordait ainsi au rivage ; ayant reconnu qu'il était anglais, elle s'en empara et le conduisit en ville, où on lui fit prêter interrogatoire. Ses réponses ayant paru peu satisfaisantes, il fut dirigé sur Paris, où l'on acquit la certitude que cet homme était un espion, et il fut condamné, comme tel, à la peine capitale.

Jeanne Elie reçut, pour récompense de son courageux dévouement, une pension sur la caisse des Invalides de la marine, dont elle a joui jusqu'en 1834, époque de son décès, à l'âge de quatre-vingt-neuf ans.

Granville, selon les observations faites en cette ville par Cassini, en 1733, est situé par les 48° 50' 66" de latitude Nord, et 4° de longitude Ouest du méridien de Paris ; elle est bâtie sur une roche schisteuse, mêlée de quartz, ayant 1345 mètres de longueur, sur 135 de largeur et s'élevant de 26 à 33 mètres de la grève qui l'environne ; elle ne tient au continent que par un isthme de 34 mètres de largeur. Son port est peut-être le point du globe, si l'on excepte le port de Chiloé, sur la côte occidentale du Chili, où la marée atteint le plus haut degré d'élévation.

La population de cette ville, d'après le recensement de 1841, est de 8347 habitants.

Place de guerre de seconde classe, l'état-major se compose d'un chef de bataillon, commandant de la place, d'un capitaine du génie en chef, et d'un capitaine d'artillerie. Sa garnison, très-peu nombreuse en temps de paix, n'est que d'un bataillon qui fournit un détachement de deux compagnies au Mont-St-Michel. Granville possède cependant deux belles casernes, susceptibles de loger un nombre beaucoup plus considérable de soldats. Elles sont placées sur le roc, près de l'église; sous la caserne neuve, (celle qui est le plus à l'ouest), se trouve une magnifique citerne, pouvant contenir deux millions de mètres cubes d'eau. Un champ de manœuvre vaste et commode est contigu aux casernes; non loin d'elles, et aussi sur le roc, sont le magasin à poudres, et l'arsenal où est le dépôt du matériel d'artillerie.

Granville se trouve naturellement défendu par mer, et n'a rien à craindre de ce côté, mais les servitudes militaires excessivement rigoureuses auxquelles sont assujettis les habitants de cette ville, et les bastions que le génie a fait récemment élever sur divers points, ne sauraient mettre à l'abri, du côté de la terre, cette place, dominée par plusieurs éminences qui l'environnent, et d'où elle serait aisément foudroyée par une artillerie bien dirigée. Le classement de Granville, avec des moyens de défense ainsi établis, ne peut avoir, d'après l'opinion de personnes tout à fait compétentes , d'autre résultat que d'apporter les plus lourdes entraves au développement que cette ville prendrait infailliblement, si l'on n'était, sur tous les points, empêché par les restrictions et les prohibitions mises par le génie militaire, à la construction des bâtiments d'habitation, et des magasins dont le commerce éprouve constamment le besoin.

Granville se divise en haute et basse ville ; la première, construite sur la montagne, et enceinte de murailles, voit peu à peu son importance diminuer, par la tendance du commerce à se concentrer dans l'autre partie ; cependant, l'hôtel-de-ville , les tribunaux , l'église, les marchés et les halles qui y sont situés, font qu'elle n'est pas encore exclusivement la demeure des rentiers, mais le principal mouvement commercial a lieu dans les quartiers de la basse ville qui avoisinent le pont et la rue conduisant au port.

Granville possède un tribunal de Commerce, auquel ressortit tout l'arrondissement d'Avranches, et un tribunal de la Justice-de-Paix.

Une juridiction consulaire lui fut accordée en 1766, et un décret de l'Assemblée nationale, lui donna un tribunal ordinaire, en 1790.

Le tribunal de Commerce siége dans un édifice construit *ad hoc*, il y a une vingtaine d'années, et situé rue Notre-Dame. C'est aussi dans ce local que se trouve le lieu des réunions de la Chambre de Commerce.

L'église, vieux bâtiment portant les traces non équivoques des diverses additions faites à différentes époques à sa construction primitive, n'a rien de l'élégance et de la hardiesse des anciennes basiliques; sa maçonnerie de granit a quelque chose de lourd et de triste, mais toutefois, elle se recommande à la curiosité du visiteur, par une disposition particulière, qui ne se rencontre que dans

9

un bien petit nombre de nos vieilles
églises de France, et que l'on peut remarquer aussi dans celle de Quimper,
c'est que le chœur n'est pas sur le même
axe que la nef.

Nous signalerons également à l'attention des amateurs, l'aigle servant de lu-
trin et la chaire à prêcher; l'un et l'autre
sont d'un beau travail; le piédestal du
premier nous paraît surtout remarquable.

Depuis quelques années, des sommes
assez considérables ont été dépensées
pour l'ornement de l'intérieur, la répa-
ration des orgues, le rétablissement de
la sonnerie, etc., mais l'étranger y remarque tout d'abord avec regret, l'ab-
sence complète de bons tableaux; il faut
pourtant espérer qu'il en sera autrement
à l'avenir; déjà une commande a été faite
dans ce but, et une fois entrés dans cette
voie de progrès, on sentira sans doute la
nécessité d'y persévérer.

La mer, qui tend toujours à envahir

dans le Sud de la ville, et qui a converti
en grèves, des emplacements où existaient
autrefois des maisons, des jardins et
même des champs, dans la partie dite
Quartier de Hérel, et en avant de la batterie basse de l'Œuvre, paraît avoir, au
contraire, abandonné le fond de la baie
du Mont-St-Michel, car, dans une délibération du 17 juillet 1758, ayant pour
but de faire repousser le projet de des-
séchement des grèves du Mont-St-Michel,
dont la concession était sollicitée au conseil privé du roi, on trouve, entre autres
considérants :

« 3° La navigation qui se fait de ce
» port à ceux du Grouïn du Sud et de
» Genets, et par le moyen de laquelle on
» tire de l'Avranchin la majeure partie
» des bois de construction et des cidres
» qui s'embarquent et se consomment
» dans ce lieu, deviendrait impraticable
» par l'augmentation des courans et des
» risques. »

Or, depuis bien des années déjà, toute navigation entre Granville et les points ci-dessus indiqués, est devenue impossible en raison du peu de profondeur de la mer, et de l'élévation continuelle des bancs de sable de la baie.

On est parvenu à arrêter les envahissements de la mer, en construisant, il y a quelques années, le quai dit d'Orléans, en avant des faubourgs. Par ce moyen, on a gagné sur la grève une vaste étendue de terrain, qui aujourd'hui est couverte d'habitations.

La ville est en instance pour obtenir du domaine la concession des grèves au Sud de la riviére du Bosq, afin de les utiliser de la même manière; il est du plus haut intérêt pour Granville, que cette affaire qui, depuis plusieurs années déjà, est pendante, reçoive enfin une solution, l'établissement de divers bâtiments d'utilité communale, dont l'urgence est vivement sentie, s'y trouvant subordonné.

Granville est le siége d'un quartier maritime, dépendant du sous-arrondisse-
ment de St-Servan. Un sous-commissaire
de marine, y fait les fonctions de com-
missaire de l'inscription. Les bureaux de
cette administration sont situés dans la
rue St-Jean, à l'Est de la place du
Carrefour.

Granville est aussi la résidence d'un
trésorier des invalides de la marine, d'un
professeur d'hydrographie et d'un inspec-
teur des pêches, on y trouve un consul
de S. M. Britannique, un vice-consul de
Portugal, un vice-consul de Suède et de
Norvège, un vice-consul de Danemark,
un vice-consul des Pays-Bas et un agent
consulaire de Prusse.

Le port de Granville doit son origine
à quelques pêcheurs qui, pour abriter
leurs barques contre la fureur des flots,
construisirent la vieille jetée, encore aujourd'hui existante, mais dès l'année
1748, on reconnut la nécessité de former
un nouveau port, pour remplacer, est-il

dit, une mauvaise jetée qui ne pouvait offrir un abri sûr à quarante navires.

Les ouvrages furent commencés en 1749. La première pierre du môle neuf, qui n'était qu'un brise-lame, destiné à couvrir le port, fut posée au mois de septembre 1750. Les travaux furent continués jusques et compris 1757. On les reprit plus tard, et au mois de mars 1766, le môle était élevé de 15 à 16 pieds. En 1823, ce brise-lame a été joint à la terre, et il forme aujourd'hui un môle, dont les dimensions (1) et le fini du travail, excitent l'admiration de tous les étrangers : à l'extrémité Sud-Est de ce môle, à gauche de l'entrée du port, est un feu fixe à appareil dioptrique ou lenticulaire de 4e ordre, qui a 8 mètres d'élévation, et une portée de 9 milles.

Un phare, également à feu fixe, mais de 3e ordre, et aussi à appareil lenticulaire, a été élevé sur le roc de Granville

---

(1) 584 Mètres de longueur.

ou cap Lihou, à 750 mètres, au N.-O.
1/4 O. de l'entrée du port. Son élévation
est, au-dessus du sol, de 13 mètres, au-
dessus de la mer, de 47 mètres, et il a
une portée de 15 milles. La première
pierre de la tour de ce phare, fut posée
le 10 août 1827.

Le commerce de Granville consiste
dans les armements pour la pêche de la
morue, sur le grand banc et à la côte
de Terre-Neuve, l'importation des den-
rées coloniales et marchandises du Nord
et du Midi de l'Europe, la pêche des
huîtres dites de Cancale, les salaisons,
entrepôts de sel, ateliers de corderie,
construction de navires, etc.

Depuis un temps immémorial cette
ville s'est particulièrement adonnée à la
pêche de la morue, et a toujours formé
de nombreux matelots pour la marine
de l'état. Dès l'année 1763, 43 navires
de ce port allèrent à Terre-Neuve, en
1764, on en comptait 59, en 1765, leur
nombre s'élevait à 67; il fut porté à 82

en 1766, et en 1842, 102 bâtiments, formant ensemble un tonnage de 15,635 tonneaux, ont été armés à Granville pour la grande pêche, le long-cours et le grand cabotage.

Nous allons décrire ici les opérations pratiques de la pêche et de la préparation de la morue à Terre-Neuve. Nous n'entrerons point dans les détails de l'armement du navire pêcheur, nous le prendrons à son arrivée à la côte de Terre-Neuve, après une traversée ordinaire, c'est-à-dire, du 10 au 15 juin. Nous supposerons, ce qui a lieu le plus communément, que dans la traversée, on a monté les filets, disposé les voiles à bateaux, et fait en un mot tous les travaux préparatoires de la pêche.

Dispositions à la Côte, pour la mise en Pêche.

Le navire solidement amarré dans son hâvre, une partie de l'équipage s'occupe à le dégréer, ne lui laissant que ses bas-mâts ; pendant ce temps, les charpentiers et calfâts radoubent les bateaux qui sont laissés chaque année à la côte ; on répare les cabanes, habitations de l'état-major et de l'équipage, des dommages qu'elles ont éprouvé pendant l'hiver. On répare aussi le chauffaud, où se prépare la morue; c'est un long hangar, établi sur pilotis au bord de la mer, et s'avançant de quelques toises sur l'eau. Ce chauffaud est terminé du côté de la mer, par une galerie appelée poissonnerie. Il faut le ramer, c'est à dire le garnir de branches de sapin qui en revêtent les murailles, formées de soliveaux rapprochés, et le tauder, c'est-à-dire le couvrir d'une toile à voile disposée à cet effet, que l'on appelle taud, et qui lui sert de toît.

On monte, dans le chauffaud, les tables sur lesquelles travaillent les décoleurs et trancheurs, les chaises de bois qui servent de sièges à ces derniers, et

les barils dans lesquels se placent les décoleurs pour travailler.

On répare aussi la laverie, lieu où se
lave la morue. D'autres vont à la montagne, chercher la rame et couper le
bois dit bois d'édifice, propre aux be-
soins de l'habitation.

D'autres enfin disposent le cageot,
c'est le lieu où se mettent les foies de
morues, pour en extraire l'huile; le cageot se compose d'une plate-forme carrée,
garnie de rebords; du centre de cette
plate-forme, s'élève une pyramide quadrangulaire renversée, formée de gau-
lettes rapprochées, et garnie intérieure-
ment de serpillière. Cette pyramide est
soutenue par des montans, à ses angles,
et au centre de chacun de ses côtés. C'est
dans cette espèce d'entonnoir que sont
jetés les foies de morues, qui filtrent leur
huile à travers la serpillière, sur la plate-
forme, d'où on l'enlève pour la mettre
en barriques, au moyen d'un robinet
placé sur l'une de ses faces, au bas du

rebord, qui empêche l'huile de se répandre.

On débarque les ustensiles de pêche, les vivres nécessaires pendant le séjour à la côte, et le sel, que l'on dépose dans le chauffaud ; s'il reste du temps, on dispose la grave ou sécherie.

Modes divers de Pêcher la Morue.

La Morue (Gadus Morrhua. Linn.) se pêche à la seine ou à la ligne ; cette dernière manière se divise encore en pêche à la petite et à la grosse boitte.

Nous examinerons successivement ces différents modes, en commençant par la pêche à la seine.

On appelle seine, un filet, long de 180 brasses, réduit à 90 par la monture et le cueilli, haut de 20 à 22 brasses, formant au centre un sac de 40 brasses, ayant des mailles de 9 centimètres. Ce filet est chargé, à son bord inférieur, de plombs pour le faire couler, et son bord supérieur est garni de flottes de liége, il est porté par un bateau dit bateau de seine, monté de huit hommes.

Le filet, placé sur l'arrière du bateau de seine, se jette à la mer, en commençant par un des bouts, à l'extrémité duquel est un filin, sur lequel est étalinguée une chatte ou petit grapin. Le bateau de seine décrit un cercle, en jetant toujours son filet, et au moyen du jet, (corde attachée à l'autre extrémité), vient reprendre la bouée ou fléchon du grapin, qui a été mouillée d'abord. Lorsque les deux chasses, (extrémités du filet), se rejoignent, on tire également sur les deux bouts, jusqu'à ce qu'on tienne les fléchons fixés aux deux extrémités du sac, et alors on coupe, c'est-à-dire on embraque (tire) seulement sur le bord plombé du filet, jusqu'à ce qu'il soit tout à bord, et ce qu'il y a de morne dans le sac, est alors assuré.

Les bateaux portent en outre des sacs

en filet, qui servent de réservoirs, pour
mettre la morue pêchée dans la seine,
et qui ne peut être de suite portée au
chauffaud. Ces sacs sont garnis de bouées
estampées au nom du capitaine ou du
navire, et se mouillent au moyen d'un
câblot nommé mouillage, et d'un léger
grappin appelé chatte.

Les bateaux de seine partent de l'habitation vers une ou deux heures du matin, ils sont toujours suivis d'un ou deux
autres bateaux qui aident à la manœuvre
du filet, se chargent du produit de la
pêche, viennent le débarquer au chauffaud, et préviennent, chemin faisant, s'il
y a lieu, les autres bateaux, de se porter
à desservir la seine.

L'appât employé pour la pêche à la
petite boitte, se nomme capelan. (Gadus
minutus. Linn.), c'est un petit poisson,
long de 15 à 18 centimètres, dont la
nageoire de la queue est arrondie, la
machoire supérieure plus avancée que
l'inférieure, le ventre en carène, l'anus

placé à sa partie moyenne ; sa chair est blanche et nourrissante ; il fréquente les côtes de Terre-Neuve du 20 juin au 10 août.

Cet appât est pêché par un bateau appelé capelanier, monté de quatre ou cinq hommes. Ce bateau est muni d'un filet, comme les bateaux de seine, mais de moindres dimensions ; il porte en plus outre, des sallebardes, espèces de troubles ou sacs de filet envergués sur un cercle, et munis d'un long manche. Le capelanier part de l'habitation au lever du soleil, il est chargé de fournir la boitte aux bateaux pêcheurs à la ligne.

Ceux-ci sont montés de trois hommes, désignés sous les noms de *maître, avant* et *ussât* ; ils partent pour la pêche à deux heures du matin en juin et juillet, puis selon le jour. Ils sont pourvus de lignes de diverses grosseurs, et d'hameçons désignés sous les noms d'*hameçons à faux, à manivelle* et *de fond* ; les lignes à faux sont les plus grosses, celles à manivelle les moyennes, et les lignes de fond les plus petites; ils sont encore munis de plombs de pêche pour charger leurs lignes, de gaffes à morues et de pics.

La pêche à la grosse boitte commence lorsque le capelan abandonne la côte de Terre-Neuve, elle se fait comme celle à la petite boitte, seulement, au capelan, on substitue pour appât, le maquereau, le hareng, le calmar cephalopode, vulgairement appelé ancornet; les premiers se prennent au moyen de filets avec lesquels on forme des barrages dans les passages étroits, et où ils viennent s'enmailler; le dernier se pêche au moyen d'un petit instrument nommé *turlutte*, qui se compose d'un cylindre de plomb, de huit centimètres environ, à peu près de la grosseur du doigt, et garni à son extrémité, d'épingles recourbées, qui lui donnent la forme d'un grappin à beaucoup de branches. On plonge cette turlutte dans l'eau, et on l'en retire alternativement; l'ancornet, trompé par ce mouvement

continuel, vient s'y attacher, et se trouve
pris. On coupe ces poissons par mor-
ceaux, en leur donnant la forme d'un
petit poisson, pour charger l'hameçon.
Aussitôt que les bateaux pêcheurs à la
ligne, présument avoir assez de morue
pour charger l'un d'eux, celui-ci, que
l'on désigne sous le nom de serreur, se
charge et la porte au chauffaud.

Travaux du Chauffaud et de la Laverie.

Arrivé au chauffaud, l'équipage du
bateau jette sa battelée de morue sur la
galerie ou poissonnerie, se servant pour
cette opération des gaffes à morue et
pics. Alors les trancheurs, décoleurs,
leveurs, traîneurs, coucheurs et saleurs,
se gréent à leurs divers étaux, pour préparer le poisson.

Le leveur prend la morue sur la galerie
et la met sur l'étal à côté du décoleur;
celui-ci, armé d'un couteau à deux tran-

chants, et à lame conique, la décole, et
en laisse tomber la tête et les intestins à
l'eau, par un conduit qui aboutit à un
trou appelé *carniau*, pratiqué dans le
plancher du chauffaud, nommé *solage*.
Il ne réserve que les foies, qu'il dépose
dans une manne placée à sa droite, et
qui sont portés au cageot dont nous
avons donné la description et l'usage.

Il passe alors la morue au trancheur
placé vis-à-vis de lui. Celui-ci armé d'un
couteau à un seul tranchant, et à lame
carrée par le bout, la tranche, en l'ou-
vrant sur le ventre du collet à la queue,
il en enlève l'arête, qui tombe à la mer,
par un carniau pratiqué à sa gauche. Il
laisse tomber à sa droite la morue tranchée, dans un traîneau, et lorsque celui-
ci est plein, le traîneur la conduit au
saleur. Le coucheur la prend et la dispose
par couches, pour former des piles, et
lorsqu'une des couches composant une
pile, est formée, le saleur, armé d'une

11

pelle, répand le sel dessus, le plus également possible.

On met la morue en piles d'un mètre et demi de hauteur, qui se réduisent à un mètre, environ, en s'affaissant. Elle reste de trois à cinq jours ainsi empillée, après quoi on la porte à la laverie établie au bord de la mer.

Ici les officiers et trancheurs, munis de rabots, (longue perche de 4 à 5 mètres, à l'extrémité de laquelle est fixé un morceau de bois de 20 centimètres, placé perpendiculairement à la perche), agitent la morue dans l'eau, et ce frottement la nettoie de la vase laissée par le sel après sa fonte.

Les meilleurs sels sont ceux de l'île de Rhé ; ils ont l'odeur de violette, ils sont ordinairement gris ; cette couleur tient à la vase dont ils sont imprégnés, et qui contribue à conserver la saumure à la surface de la morue.

Travaux de la Grave ou Sécherie.

Au fur et à mesure que la morue est lavée, on la tire de la laverie, et on la porte à différents points de la grave, pour la mettre en piles nommées fumiers. On la laisse en cet état un ou plusieurs jours, selon le temps, afin qu'elle s'égoutte, et soit ainsi mieux disposée à prendre le sec.

Il y a divers genres de graves ou lieux à étendre la morue; on l'étend sur des flagues dites à l'anglaise, sur des rances, sur des vignaux ou rances sur piquets, ou enfin, à défaut, sur le galet.

Les flagues dites à l'anglaise, sont une étendue de terrain couvert de branches de sapin, couchées dans le même sens, et se recouvrant les unes les autres. Ce mode s'emploie sur les hauteurs.

Les rances sont de petites flagues, disposées comme les plates bandes d'un jardin, séparées entre elles par des sentiers, et n'ayant chacune que la largeur de trois rangs de morue. Ce mode s'emploie dans les lieux moins élevés que ceux où l'on fait usage des flagues dites à l'anglaise.

Les vignaux ou rances sur piquets, sont, comme les précédentes, séparées entre elles par des sentiers, mais elles sont formées de piquets plantés en terre, surmontés de lisses horizontales, assemblées par des traverses, dans lesquelles s'enlacent des branches de bouleau ou des cercles; ce clayonnage n'est usité que dans les bas fonds, parce qu'avec lui, l'air circule en dessous de la morue.

Le galet est une étendue de terrain couverte de petits cailloux arrondis par le frottement qu'ils ont éprouvé à la mer.

On entend par un soleil, l'espace de temps compris entre le lever et le coucher de cet astre; demi-soleil, l'espace depuis son lever à midi; quart de soleil, depuis son lever jusqu'à neuf heures du matin; trois quarts de soleil, depuis son lever jusqu'à deux heures de l'après-midi.

On étend généralement la morue de grand matin.

Il ne faut pas, pour le premier soleil, qu'il y ait contact entre la morue, parce qu'alors elle se colle et se déchire, lorsqu'on veut la séparer. Cette morue s'étend la chair en haut, et reste ainsi jusqu'à environ deux heures avant de la mettre en balles, alors on tourne la peau en haut. Il est toujours bon que la morue soit ramassée avant le soleil couché. Les balles se font du poids d'environ un quintal, après le premier soleil.

Après un ou plusieurs jours de balle, selon le temps, on étend de nouveau cette morue, mais la peau en haut jusqu'à ce que cette peau soit sèche, et alors on tourne la chair en haut, jusqu'au temps où, si elle a bien séché, on la met en javelles, pour l'apporter aux officiers et premiers maîtres, qui la mettent en piles de grosseur proportionnée à la quantité, elle se nomme alors, morue de pilot.

Après quelques jours de pilot, on l'é-

tend encore, la peau en haut, pour sécher
la sueur, après quoi on la tourne la chair
en haut, et si ces trois soleils ont été forts,
ils suffisent souvent pour la confection,
autrement on réunit les pilots, dont on
forme une grosse pile, afin de hâter la
sueur; après huit ou dix jours de grosse
pile, on l'étend de nouveau , et ainsi de
suite, jusqu'à ce qu'elle ait atteint le degré
voulu de sécheresse.

On la met alors par brassées de vingt-
cinq, qu'on nomme quarterons, et chaque
homme, à l'aide d'un morceau de bois,
dit carcan, suspendu par le milieu à son
cou, au moyen d'une corde en double,
la porte sous ses bras, tenant de chaque
main les extrémités du carcan, à la galerie du chauffaud ou à la laverie, où des
bateaux rangés , la prennent pour la
transporter à bord du navire. Elle est
arrimée dans les bateaux par des hommes
nommés empileurs, qui donnent à cette
opération d'arrimage le nom de *basquer*;

cette coutume venant sans doute des Basques.

Le même motif qui nous a fait ne prendre le navire pêcheur qu'à son arrivée à la côte de Terre-Neuve, nous fait l'abandonner à l'instant où la morue étant embarquée, il fait ses préparatifs de départ pour opérer son retour en France.

Granville, qui ne possédait il y a peu d'années encore, qu'une rue tortueuse, étroite et sale sur le port, a vu, depuis cette époque, construire de beaux et vastes quais, où l'étranger trouve une promenade des plus agréable, mais le commerce de cette ville se verra toujours circonscrit dans d'étroites limites, tant que le bassin à flot, qui lui a été solennellement promis déjà bien des fois, ne lui sera pas accordé, et jusqu'à cette époque, on aura constamment à redouter, chaque hiver, des catastrophes semblables à celle du 10 mars 1842, où plusieurs bâtiments furent arrachés du port

par la tempête, et dont trois, deux bricks
et un sloop, allèrent se briser sur les
écueils de la roche Gautier; trois hommes
perdirent la vie dans ce naufrage, et il
y eut un grand nombre de blessés (1).

Une industrie du plus haut intérêt
pour Granville, et même pour tout le
canton, est la pêche des huîtres, laquelle
n'est exploitée que par la classe indigente,
et a lieu du premier septembre au trente
avril.

En 1842, quatre-vingt-quatre bateaux,
montés par 720 hommes, pêchèrent 34
millions d'huîtres, qui, au prix moyen
de 13 fr. 67 c. le mille, donnèrent un
produit total de 464,968 fr. le nombre
des bateaux pêcheurs, s'élève aujourd'hui
à plus de cent.

Les propriétaires de ces bateaux, sont
pour la plupart, d'anciens marins, hors

(1) La loi qui ordonne l'établissement d'un bassin à flot
au port de Granville, vient d'être enfin promulguée, et
l'on a aujourd'hui l'espoir de voir commencer, en 1846,
ce travail si urgent pour le commerce de la place.

service, qui, au moyen d'emprunts ou
des économies qu'ils ont pu faire, ont
acheté ou fait construire ces embarcations.
Leurs femmes et leurs enfants sont occupés aux ventes et aux livraisons des
huîtres. Cette pêche emploie outre les
équipages des bateaux, plus de mille à
douze cents individus, et de 25 à 30 tom-
bereaux, occupés journellement au triage,
à la manipulation et au transport des
huîtres, tant dans le parc, qu'à bord
des bâtiments qui les enlèvent pour la
Hougue, Courseulles et autres lieux d'où
elles sont dirigées sur Paris et dans l'intérieur.

La pêche du poisson frais, exploitée
pendant quatre mois, en été, fournit des
moyens d'existence à 140 ou 150 pêcheurs, et à près de deux cents individus
de la ville, qui achettent le poisson pour
le revendre au détail, à Granville et dans
les villes voisines. Cette pêche a produit
approximativement, de trente à trente-

cinq mille francs, dans l'été de l'année 1842.

La pêche de pied, ou du bas de l'eau, n'a lieu que pendant quelques jours, lors des grandes marées ; elle est exercée par deux ou trois cents individus de la classe la plus pauvre; mais elle est si peu productive que les profits s'élèvent rarement à plus de vingt-cinq à quarante centimes par individu.

Granville, qui fait partie de l'arrondissement d'Avranches, est le chef-lieu d'un canton composé, avec cette ville, des communes de Donville, St-Nicolas-près-Granville, St-Pair, Bouillon, St-Aubin-des-Préaux, St-Planchers et Yquelon. La population de ce canton, d'après le dernier récensement, est de 16,964 habitants.

L'Hôtel-de-Ville de Granville, placé à l'extrémité Ouest de la rue St-Michel, dans une espèce de cul-de-sac, n'a rien qui, à l'extérieur, indique un monument public.

Les bureaux sont ouverts, les jours

ouvrables, de neuf heures du matin à midi, et depuis deux jusqu'à six heures du soir. Dans une des salles de l'Hôtel-de-Ville se trouve le prétoire de la Justice-de-Paix.

Les halles à la viande situées au haut de la rue St-Jean, celles au poisson, sur la place du Carrefour, et celles au blé, sur le roc, n'ont rien de remarquable.

Depuis peu de temps, une maison pour l'école primaire communale élémentaire vient d'être construite par la ville, au coin des rues St-Michel et du Marché-à-la-Chaux. Ce bâtiment, outre la classe et le logement de l'instituteur, contient quelques autres pièces, d'utilité communale. Il offre une vaste et belle classe, présentant toutes les commodités désirables, et où 160 élèves peuvent être admis (1).

_____

(1) On vient aussi de créer une école primaire supérieure, qui n'est point encore en exercice, au moment où nous écrivons.

Granville possède plusieurs autres
écoles primaires élémentaires privées,
pour l'instruction des garçons, et diverses
dames institutrices, ont en cette ville des
établissements dignes de confiance, pour
l'éducation des demoiselles. Une école
primaire communale de filles, dirigée
par des religieuses du Sacré-Cœur de Jé-
sus, occupe l'entresol et l'attique des
halles au poisson, sur le carrefour.

Depuis quelques mois les religieuses du
Bon-Sauveur ont, de leur propre mouvement, ouvert une salle d'asile, dont
les bienfaits sont déjà ressentis par un
grand nombre de mères de familles. Ces
dames dirigent aussi un pensionnat de demoiselles, recommandable à tous égards.

La position élevée de Granville, est
cause que cette ville manque d'eau po-
table; pour remédier à ce grave inconvé-
nient, M. J. E. Le Campion, maire, vient
de faire établir sur le Cours-Jonville, une
machine à vapeur de la force de six chevaux, à moyenne pression, détente et

condensation, qui élève, après les avoir
filtrées, les eaux de la petite rivière du
Bosq, au point culminant de la ville,
la place de l'Isthme, où elles sont reçues
dans un réservoir en fonte, pouvant contenir 72,000 litres, et de là, distribuées
par des conduites également en fonte,
dans tous les quartiers de la ville et des
faubourgs, ainsi que sur le port, où sont
placées des bornes-fontaines, qui, par la
pression d'un bouton, versent l'eau à
l'instant.

Il y a quelques années encore, les bords
de la rivière du Bosq, en amont du pont,
n'étaient qu'un cloaque infect, connu
sous le nom de marais; l'administration
municipale a converti en promenade, ces
lieux malsains et désagréables à l'œil;
cette promenade, par délibération du 6
juillet 1816, a pris le nom de Cours-
Jonville, de M. Mêquin-Jonville, ancien
maire, sous l'administration duquel cette
amélioration eut lieu ainsi que beaucoup
d'autres.

Il se tient un marché assez considérable à Granville chaque samedi, mais l'unique foire de cette ville, qui fut autorisée par un décret, à Fontainebleau, du 28 messidor, an XIII, et qui doit avoir lieu le 10 avril, n'a jamais pu acquérir la moindre importance depuis son établissement.

Chaque été, Granville voit descendre sur son beau rivage, de nombreux étrangers qu'y attirent les plaisirs et les effets salutaires des bains de mer.

Il n'est pas en France de ville maritime qui puisse le disputer à Granville, sous le rapport de la beauté et de la commodité de sa plage, formée d'un beau sable fin et ferme, réunissant par là, le double avantage de la sécurité et de l'agrément pour le baigneur; aussi, les accidents fort peu nombreux qui sont à déplorer parfois, ne prennent-ils jamais leur source que dans l'imprudence des baigneurs, qui se mettant à l'eau avant que la digestion soit opérée, sont frappés d'apo-

plexie, et périssent victimes de leur témérité.

Ici l'on n'a rien à redouter des courans
ni de l'inégalité du sol, qui, s'abaissant
par une pente insensible, permet au baigneur de prendre l'eau à telle hauteur
qui lui convient. Des femmes expéri-
mentées, préposées à ce service, aident
les baigneurs, en les accompagnant et
les soutenant dans l'eau. Des cabanes
élégantes et commodes, sont placées sur
le bord de la mer pour recevoir, à la
sortie du bain, le baigneur qui désire y
faire sa toilette. On est admis à faire
usage de ces cabanes au moyen d'une
très-modique rétribution.

Au pied de la montagne, sur une
esplanade pratiquée dans le roc, s'élève
un édifice en bois, divisé en plusieurs
pièces, et destiné aux plaisirs des baigneurs. Un vaste salon, décoré avec une
élégante simplicité, sert pendant le jour,
de lieu de réunion. Un piano y est mis
à la disposition des amateurs. Cette pièce

est convertie chaque soir, en salle de bal ; à côté de ce salon, se trouve un autre appartement destiné, le jour, à la lecture des journaux, et le soir, aux jeux. On trouve encore dans cet établissement, un cabinet de toilette pour les dames, et un buffet pour les raffraîchissements.

Les honneurs du salon sont faits par des commissaires désignés chaque année par l'autorité municipale, et l'admission a lieu, moyennant une légère rétribution que paie chaque souscripteur.

On descend au rivage par une coupure dans le rocher, dite *Tranchée-aux-Anglais*, qu'on attribue à Jean d'Escalles lorsqu'il devint propriétaire de Granville, et qu'il voulut le fortifier. C'est aussi à cette époque, qu'il fit construire un château flanqué de tours, dont on ne voit plus de traces ; il s'élevait autour de l'église. On a trouvé, en creusant le sol, il y a quelques années, des pans de maçonnerie qui, sans doute, faisaient partie de cet édifice.

Un établissement de bains chauds, de toutes natures est aussi offert aux étrangers. Il est situé dans la rue du Marais ; le baigneur est toujours certain de rencontrer dans cet établissement, dirigé par M. le docteur Dumoncel, les meilleurs soins, et toutes les commodités désirables.

Granville possède un hospice civil et militaire, desservi par des sœurs de St-Thomas-de-Villeneuve. Cet établissement dont les revenus sont excessivement minimes (1), et auquel la ville alloue une subvention annuelle sur ses budgets, est situé à l'extrémité de la rue Saint-Sauveur. Il est administré par une com-

---

(1) L'hospice vient encore de voir diminuer ses faibles ressources par suite des exigences du plan de fortification. L'administration de la guerre ayant fait exécuter des travaux au front sud de la place, on a dû démolir des échopes construites sur un emplacement concédé à l'hospice et desquelles il tirait un revenu de 300 fr.

13

mission présidée par le maire, et a un receveur-éconôme, chargé de la comptabilité; un chapelain attaché à la maison, fait le service du culte dans la chapelle ou oratoire qui en dépend, et où le public est admis.

Granville compte encore un autre établissement de charité, nous voulons parler de son bureau de bienfaisance, administré comme l'hospice, par une commission, sous la présidence du maire, et desservi par des religieuses du Bon-Sauveur. Grâce à cette belle et bonne institution, on est affranchi à Granville, du spectacle, souvent si hideux de la mendicité, qui y est interdite.

Ce bureau est soutenu par une allocation annuelle de la ville, et des quêtes faites à domicile chaque année par MM. les maire et adjoints, accompagnés de M. le Curé et de ses vicaires.

Les admissions aux secours du bureau n'ont lieu que sur l'attestation des commissaires de quartier, et des dames patronesses, qui veulent bien prendre le soin de s'assurer par eux-mêmes, des droits des réclamants à ces secours, et de quelle nature et dans quelles proportions ils doivent leur être administrés.

Granville est le siége d'une inspection des douanes, dépendant de la direction de St-Malo. Les bureaux de cette administration sont établis rue Le Campion (1).

Le bureau de la poste aux lettres est situé au haut de la rue des Juifs ; deux boîtes sont en outre placées, l'une en ville, sur la place du Carrefour, l'autre près du pont du Bosq ; à ce moyen, les habitants des quartiers éloignés du bureau de la poste, ne sont pas obligés

---

(1) Le Conseil Municipal désirant donner à la mémoire de feu M. Le Campion, un témoignage de la reconnaissance des habitants de Granville, pour les nombreux et immenses services rendus, par ce négociant, au commerce de la place, a émis le vœu que la rue, conduisant du pont au port, qu'il avait pour ainsi dire créée, s'appelle rue Le Campion, et cette délibération a été approuvée par ordonnance royale en date du 30 avril 1845.

à venir de loin y déposer leurs lettres.

Le bureau est ouvert au public, de 7 heures du matin à midi, et de 2 à 7 heures du soir.

La poste aux chevaux est située dans la basse-ville, rue du Marais.

Plusieurs départs des correspondances des messageries, ont lieu chaque jour, de Granville pour tous pays. Les divers bureaux de ces voitures, sont situés dans les rues du Pont, du Cours-Jonville et du Marais.

Un bateau à vapeur fait chaque semaine, pendant l'été, la traversée de Jersey à Granville ; des bateaux à voiles font aussi ce service, pendant toute l'année ; leurs départs de Granville ont généralement lieu le samedi soir, ou le dimanche matin, et ils opèrent leur retour le mercredi.

On doit s'adresser pour les renseignements, à MM. les Courtiers maritimes.

Granville possède plusieurs bons hôtels, parmi lesquels nous indiquerons aux étrangers, l'hôtel des Trois-Couronnes, et l'hôtel du Nord ; ces deux hôtels sont situés rue des Juifs.

Granville se recommande aux baigneurs et aux touristes, non-seulement par la beauté et la sécurité de sa plage, mais encore par sa situation éminemment pittoresque, et les divers points de son voisinage, bien dignes, à tous égards, d'exciter la curiosité et l'intérêt des visiteurs ; c'est le Mont-Saint-Michel, qui dans les vieux jours, collège de druidesses, est devenu plus tard couvent et abbaye célèbres, puis, aujourd'hui est changé en maison centrale de détention, affectée en outre aux condamnés à la déportation.

C'est St-Pair, chétif village au milieu des sables, mais qui fut, jadis la demeure de pieux cénobites, qui par leurs vertus, ont mérité de prendre rang dans la légende.

C'est Chausey, groupe d'îles, situé à environ douze kilomètres de Granville, d'où se tire ce magnifique granit vert, dont les capitales se parent avec orgueil dans la construction de leurs gigantesques édifices.

C'est Jersey, cette île anglaise, si digne d'une excursion du touriste.

Nous allons donner une esquisse rapide de chacun de ces lieux en commençant par le Mont-St-Michel.

LE MONT-SAINT-MICHEL.

Cette roche granitique, a environ 70
mètres de hauteur, sans compter celle des
constructions qui la couronnent, et un
kilomètre à peu-près de circonférence à
sa base. Elle est isolée au milieu d'une
vaste grève, où l'on n'aperçoit aucune
autre roche, sinon celle de Tombelène,
dont nous parlerons ci-après. Cette grève
est jonchée de valves du *cardium edule*.

Au sommet de cette roche, fut d'abord
un collége de neuf druidesses, dont la
plus ancienne rendait des oracles comme
celles de l'île de Sein. Plus tard, sous la
domination romaine, Jupiter y eut un
temple; elle prit alors le nom de Mont-Jou
ou Mont-Jov, qu'elle conserva jusqu'au
commencement du 8ᵐᵉ siècle.

L'archange Saint-Michel ayant apparu

à St-Aubert, évêque d'Avranches, trois
fois consécutives, en 706, 707, et 708,
celui-ci se détermina, au mois d'octobre
709, à dédier à Dieu, sous l'invocation
de ce Saint, un petit oratoire qu'il avait
fait construire au sommet de cette montagne.

Deux autres hermitages avaient été
placés au pied du mont, par les solitaires
de la forêt de Scicy, l'un, sous l'invocation de Saint-Etienne, premier martyr,
l'autre, sous celle de Saint-Symphorien,
martyr d'Autun.

St-Aubert établit douze chanoines dans
son oratoire où, s'étant lui-même retiré,
quelque temps après, il y mourut, et y
fut enterré.

Avant de consacrer ce lieu, St-Aubert
avait envoyé trois clercs de son église, au
Mont-Gargan, dans le royaume de Na-
ples, où Saint-Michel était honoré d'un
culte spécial, pour en obtenir, comme
reliques, un peu de marbre et du tapis
rouge sur lequel cet esprit céleste avait

apparu. Ces envoyés employèrent une année entière à faire leur voyage, mais quel
ne fut pas leur étonnement, quand, à
leur retour, ils trouvèrent envahi par l'O-
céan, tout le territoire qui, à l'époque de
leur départ, était couvert de bois, au
tour du Mont-Jou.

Devenu célèbre dans toute la France,
et même dans toute l'Europe, le Mont-
Saint-Michel au péril de la mer, *Mons
Michaëlis in periculo maris,* fut l'objet des
bienfaits de plusieurs souverains.

Rollon, premier duc chrétien de Normandie, le dota richement, quelques
jours après son baptême, en 912.

En 966, le monastère fut augmenté par
les soins de Richard Ier, qui en chassa les
chanoines séculiers, et y plaça des religieux Bénédictins. En 988 et années suivantes, Richard II ajouta aux libéralités
de son père, et accorda à ce lieu de grands
priviléges. Il lui unit, surtout, le monastère de St-Pair, les îles Chausey, et une
fort belle terre dans l'île de Jersey. — En

992, Conan Ier, duc de Bretagne, qui lui avait fait beaucoup de bien, voulut y être enterré, et peu de temps après, l'église fut détruite par le feu. De 1020 à 1058, les fondemens de la belle église actuelle furent posés par Hildebert II, Suppo et Raoul de Beaumont, abbés du Mont-St-Michel, elle fut continuée par Renou, Bernard et Robert de Thorigny, plus connu sous le nom de Robert du Mont, leurs successeurs.

Les Bretons ligués avec Philippe-Auguste contre Jean Sans-Terre, roi d'Angleterre et duc de Normandie, ayant incendié en partie ces édifices en 1204, l'abbé Jordan, aidé par le roi de France, en fit les réparations quelques tems avant sa mort, qui eut lieu en 1212. Vers cette époque, le pied du rocher fut ceint de murailles, du côté de Pontorson, seul point accessible.

Enfin les abbés Raoul de Villedieu, en 1225, Richard de Tustin en 1236, Guillaume du Chasteau en 1299, Pierre Le Roy en 1386, Guillaume d'Estouteville en 1444, Guillaume et Jean de Lamps en 1499 et 1513, et Henri de Loraine, duc de Guise, en 1615, achevèrent les bâtimens, aussi réguliers que vastes et hardis, qui couronnent la montagne.

On remarque surtout l'église abbatiale, ainsi que les dix énormes pilliers qui sont au-dessous, et qui en supportent la masse. Ce temple, terminé par le cardinal d'Estouteville et les deux de Lamps, est d'architecture gothique, d'un excellent goût, et a la forme d'une croix romaine. — Sa longueur, avant qu'on eût distrait une partie de sa nef, était d'environ quatre-vingts mètres, et l'élévation de la voûte, au rond point du sanctuaire, était de vingt-deux mètres.

Sur un des murs de la croisée de la chapelle de la vierge, qui existait derrière le chœur, se voyaient, avant la révolution, les armoiries des cent dix-neuf gentils-hommes Bretons et Normands, qui, en 1423, s'enfermèrent dans cette forteresse,

.avec Louis d'Estouteville, capitaine du Mont, et la défendirent contre les Anglais, qui, après un long siége, dans lequel ils perdirent grand nombre de leurs soldats, furent contraints de se retirer, en abandonnant leur artillerie.

A la porte d'entrée du Mont, sur la grève, se voient encore des souvenirs de cette belle défense; ce sont deux énormes pièces d'artillerie, formées de barres de fer de cinq centimètres et demi d'épaisseur, et reliées avec des cercles de même métal, lesquelles furent prises sur les ennemis.

La plus forte, vulgairement appelée la grosse Michelette, a 3ᵐ 66ᶜ de long, y compris la culasse, d'un mètre, et un demi-mètre de bouche, dans laquelle se voit encore un de ces boulets de pierre, de 40 à 45 centimètres de diamètre, dont on se servait alors. L'autre n'a que 38 centimètres d'embouchure.

Contigu à l'église, est le cloître, ou aire de plomb, remarquable par l'élé-

gance, la délicatesse et le fini de sa colon-
nade, composée d'un stuc, fait de ci-
ment et de détritus de coquilles, et qui
excite, au plus haut point, l'admiration
des visiteurs.

Il serait difficile de préciser, au premier
abord, la date et le style architectonique
de cette jolie construction. L'élégance des
colonnettes isolées ou en faisceaux, le
travail des voûtes en ogives, ornées de
rosaces, ne semblerait pas la faire remon-
ter au-delà du xvme siècle, mais dans le
travail des chapitaux, la grande variété
des ornemens et leur nature, les nombreuses rosaces, les quatre feuilles, les
trèfles, arrondis et lancéolés, les feuilles
de chêne et de lierre, qui entrent dans la
composition de ces ornemens, on reconnaît le style du xiiime siècle.

Le touriste ne peut se dispenser de visiter les chambres du Gouvernement,
celles du grand et du petit exil, les réfec-
toires, dortoirs, cuisines, bibliothèque et

infirmerie des anciens religieux, la superbe salle des chevaliers, construite dans
les premières années du XIIme siècle. Son
architecture appartient à l'époque dite *de
transition;* c'est la réunion des deux ar-
chitectures Romane et Gothique ; quatre
rangs d'assez fortes colonnes, aux chapitaux ornés de trèfles, sans figures gro-
tesques, supportent une belle voûte, di-
visée en nombreux compartimens, par
des nervures saillantes et régulières. Cette
salle est placée immédiatement au-dessous
du cloître. Un autre objet, non moins digne
de remarque, est cette magnifique muraille appelée *la merveille,* consistant en
un alignement de 76^m 66^c de long, soutenue par trente-six contreforts, sur un
escarpement coupé à vif, et d'une hauteur effrayante.

Au-dessous du château, se voient au
nord, quelques broussailles, sur une
pente très-abrupte ; la petite chapelle St-
Aubert, sur un bloc de rocher attenant au

roc principal , et presque sur la grève ;
enfin, une petite fontaine.

La petite ville, ou bourg, est au Levant
et au Midi du rocher. Elle n'avait an-
ciennement qu'une seule ruelle en lima-
çon, et conduisant d'abord à l'église paroissiale, dédiée à St-Pierre, située vers
le milieu du rocher, puis en montant
toujours, jusqu'à l'abbaye, et à quelques
mauvais petits jardins sur la hauteur.
Depuis 1819, on a fait pratiquer sur le
roc, vers l'Ouest, une autre espèce de
grand sentier, qui, comme le précédent,
va aboutir à l'entrée du château.

Cette ville n'est guère peuplée que de
pauvres pêcheurs et d'aubergistes.

La garde de la ville et du château était
autrefois confiée aux habitants , sous
l'autorité de l'abbé, qui en était gouverneur. Les clefs étaient déposées chaque
soir, chez le prieur des moines, mais aux
jours de St-Michel et de la Pentecôte, il
était d'usage, depuis l'abbé Geofroy de
Servon, mort en 1386, que les vassaux

de l'abbaye, équipés de pied-en-cap des anciennes armures, et la pique à la main, vinssent faire le devoir de leurs fiefs, tant à la porte du château , qu'à celle du chœur, pendant la célébration des cérémonies religieuses. Ce service avait valu aux habitants du Mont, l'exemption de la taille, et plusieurs autres privilèges.

Sept Rois de France sont venus en pèlerinage au Mont-St-Michel; ce sont : Louis VII en 1157; St-Louis; Philippe-le-Hardi; Charles VI; Louis XI, Charles VIII et François 1er.

Henry II Plantagenet, Roi d'Angleterre, et le cardinal Roland, depuis pape, sous le nom d'Alexandre III, s'y trouvèrent en même temps que Louis VII.

TOMBELÈNE.

Tombelène, situé à environ deux kilomètres au nord du Mont-Saint-Michel,
et sur lequel l'idolâtrie rendit jadis les
honneurs divins à Belin, Belen ou Belenus,
autrement Apollon ou le Soleil, est plus
grand, mais moins pyramidal que cette
première roche,

Selon M. Blondel, la première mention
bien authentique qu'on trouve de ce lieu,
date de 1135, année où Bernard, 13e abbé
du Mont-Saint-Michel, voyant ce désert
convenable à la vie comtemplative, y fit
bâtir, sous le titre de Prieuré, un oratoire
et quelques cellules, tant pour lui, que
pour quelques uns de ses religieux. Jordan,
l'un de ses successeurs, voulut en 1212,
que sa dépouille mortelle y fût enterrée.

Quelque temps après, Philippe-Auguste

15

prévoyant que ce poste pourrait servir
de point de débarquement aux Anglais,
pour y faire leurs dispositions d'attaque
contre le Mont, fit construire un fort sur
ce rocher, devenu alors presque solitaire.
Malgré ces précautions, les Anglais s'en
emparèrent, pendant la captivité du roi
Jean II, en 1356, et s'y maintinrent
jusqu'à ce que Charles V eût repris successivement les places occupées par eux.
Ils s'en rendirent maîtres de nouveau,
vers la fin du règne de Charles VI, et y
bâtirent en 1417, un second château,
flanqué de tours, et environné de fortes
murailles, dont on aperçoit encore quelques vestiges. Ce château, long-temps
occupé par les comtes de Montgommery,
possesseurs de grands biens dans le pays,
devint ensuite un gouvernement militaire,
où se passèrent quelques actions pendant
la ligue en Bretagne; le dernier titulaire de
ce gouvernement, est le surintendant Fou-
quet, qui le posséda jusqu'à sa disgrâce.
Durant sa longue détention, Tombelène

se détériora, et Louis XIV donna même en 1669, des ordres pour en détruire les fortifications.

On ne voit plus aujourd'hui sur ce rocher, devenu propriété particulière, que les restes d'une porte garnie de forts gonds de fer, une rue étroite, taillée dans le roc, quelques fondemens de maisons, et un amas de décombres.

Les étrangers qui auraient le désir de visiter le Mont-St-Michel et Tombelène, ne devront pas s'engager sur les grèves sans l'assistance d'un guide, car, le sable, en certains endroits, y est tellement mobile, que l'imprudent qui s'y avancerait, sans avoir la connaissance des lieux, pourrait payer de sa vie cette témérité, et grossir le nombre des victimes, que font de temps à autre ces grèves perfides. On trouve dans tous les villages de la côte, et notamment à Genets, des hommes qui, pour une faible rétribution, pilotent les voyageurs à travers ce passage dangereux,

que l'on peut ainsi franchir, en toute
sécurité.

SAINT-PAIR.

Sur le penchant d'une colline, près du
rivage, à quatre kilomètres au Sud-Est de
Granville, se trouve le village de St-Pair,
où vécurent jadis, Saint-Gaud, évêque
d'Evreux, St-Aroaste, prêtre, St-Pair ou
Paterne, évêque d'Avranches, St-Scubi-
lion, abbé, et Saint-Senier, aussi évêque
d'Avranches.

L'église paroissiale, qui appartient en
grande partie à l'architecture Romane,
offre trois points remarquables : la tour,
le chœur et le porche.

La tour, bâtie dans la première moitié
du 12e siècle, remonte à la période où
domine le style Roman tertiaire, toutefois,
ce monument présente encore des traces

du Roman secondaire, le plein cintre y règne exclusivement.

La tour est supportée par quatre piliers solidement assis, séparés par des arcades cintrées, encadrées par des colonnes en demi-relief, placées aux angles des pilastres. On voit quelques figures grimaçantes sur les chapiteaux de ces demi-colonnes, ainsi que quelques moulures en volutes; il en est de même des modillons qui supportent la corniche qui règne à la naissance de la pyramide.

Malgré les mutilations du temps et du vandalisme, on peut encore y apercevoir des vestiges de ces têtes saillantes que l'on trouve si fréquemment dans les édifices appartenant au style Roman de la seconde époque.

Les fenêtres, ouvertes sur chaque face de la tour, sont géminées et encadrées dans un cintre d'une plus grande dimension. Des demi-colonnes fort simples, appliquées sur leurs parois latérales, sont le seul ornement qui les décore.

Cette tour, de forme carrée jusqu'à la moitié de sa hauteur, se terminait par une pyramide octogone, qui fut abaissée d'environ sept mètres, il y a quelques années, par suite de l'ébranlement produit par un ouragan, dans la partie supérieure du clocher, et qui engagea à descendre les pierres qui formaient le couronnement de cet édifice pour en prévenir la ruine totale.

Voici, d'après la traduction de l'abbé Rouault, un extrait d'un manuscrit latin, sorte de procès-verbal, qui fut rédigé lorsque l'on découvrit les reliques de St-Gaud, en creusant les fondements de la tour :

« Dans le temps que Henry Ier, duc de
» Normandie, fils de Guillaume, dit
» *Longue-Épée*, régnait glorieusement en
» Angleterre, sous le pontificat de Ri-
» chard de Bruère, évêque de Coutances,
» il y avait un nommé Gautier, curé de
» St-Pair-sur-la-Mer, homme très-zélé
» pour son église, qui, voulant la déco-
» rer, exhortait souvent ses paroissiens à

» bâtir une tour ou clocher. Ce bon prêtre
» n'ayant pas toutes les choses nécessaires
» pour l'exécution de son entreprise, mé-
» ditait souvent, la nuit, aux moyens d'y
» réussir. Il arriva qu'étant fort occupé
» de cette pieuse pensée, il entendit une
» voix qui lui dit qu'il commençât son
» ouvrage, sans se mettre en peine de la
» réussite. Gautier répliqua qu'il n'avait
» pas le moyen de faire un si grand ou-
» vrage. Il lui fut répondu qu'il trouverait
» dans l'église un trésor plus précieux
» que tout l'or du monde. Le bon curé ne
» doutant pas que cet avertissement ne
» vînt du ciel, se mit en devoir de l'exé-
» cuter. Il fit part de son projet aux ha-
» bitants de sa paroisse, et le dimanche
» de Pâques de l'an 1131, il fut arrêté
» que l'on commencerait immédiatement
» la tour.

» On se mit donc à l'œuvre, et à peine
» un des ouvriers a-t-il commencé à
» creuser dans le chœur de l'église, du
» côté de l'Orient, qu'il rencontre un

» cercueil de pierre qu'il perce d'un
» coup de pic ; en même temps, il en
» sortit une fumée si épaisse et une
» odeur si douce, que ceux qui étaient
» dans l'église ne se voyaient point , et
» en furent embaumés , ce qui s'étendit
» jusques dans le monastère bâti sur
» une colline voisine de l'église. Le bruit
» d'une merveille si inopinée s'étant ré-
» pandu à l'instant dans tout le bourg
» de St-Pair où il y avait, ce jour-là, un
» grand concours de peuple, tant à cause
» d'une foire qui s'y tenait dans ce même
» temps, qu'à cause que c'était un jour
» d'audience de la baronnie de St-Pair ,
» dépendant de l'abbaye du Mont-St-
» Michel, l'église et les lieux d'alentour
» furent bientôt remplis d'un grand
« monde , accouru pour être témoins du
» miracle. Ceci arriva le 11 juillet, fête
» de la translation de Saint-Bénoît.

» Un des habitants de St-Pair, nommé
» Guillaume Piquerel homme craignant
» Dieu , ayant ouvert le tombeau , y

» découvrit un corps bien conservé. La
» tête reposait sur une pierre qui présen-
» tait une inscription en caractères anti-
» ques. Plusieurs personnes ayant essayé
« en vain de la déchiffrer, un prêtre
» nommé Guillaume d'Avranches, qui se
» trouvait là par hasard, prit la pierre,
» l'approcha de la fenêtre, et y lut ces
» mots : *Hic requiescit beatùs Gaudus,*
» *olim episcopus Ebriocensis.*

» La nouvelle de la découverte du
» corps de Saint-Gaud, s'étant répandue
» dans toute la Normandie, et les provin-
» ces voisines, on accourut de toutes
» parts à son tombeau, et il s'y opéra
» beaucoup de miracles, ce qui attira
» tant d'offrandes, que l'on en eut plus
» qu'il n'en fallait pour bâtir la tour
» magnifique qui se voit encore aujour-
» d'hui, en forme d'une haute pyramide. »

Le chœur de l'église de St-Pair présente
deux parties distinctes, et rappelant deux
époques différentes. La partie basse paraît
être de la première moitié du xiiᵉ siècle.

16

Des demi-colonnes engagées ornent les
murs à l'intérieur. Quelques figures grimaçantes sont sculptées sur les chapiteaux
de ces demi-colonnes, mais on y remarque
aussi des branches de vignes d'une exécution plus parfaite et dont les ciselures profondément fouillées indiquent les progrès
de l'art au xii^{mo} siècle, et l'époque de
transition.

Les arceaux de la partie supérieure,
creusés de cannelures profondes, et ornés
de moulures prismatiques, présentent
une saillie considérable. On remarque,
aux points d'intersection de ces arceaux,
les armoiries de l'abbaye du Mont-Saint-
Michel, et quelques statuettes qui y sont
attachées en pendentifs.

Un tombeau de grande dimension a été
élevé au milieu du chœur sur les sépul-
tures de Saint-Pair et de Saint-Scubilion.
Il est décoré de leurs statues en tuf, avec
les noms de ces deux bienheureux, gravés
à leurs pieds en caractères gothiques. Il
résulte de la forme de quelques-uns des

ornements pontificaux dont sont revêtues ces statues, que ce monument ne peut être antérieur au xiie siècle. Il a dû être érigé dans la période qui s'est écoulée depuis le xiie siècle au xve.

L'église n'est pas terminée à l'Est par une abside, mais par un mur plat, dans lequel on avait ouvert une ogive de grande dimension, qui a été bouchée depuis, et masquée par un rétable en bois.

La porte latérale de l'Ouest, est protégée par un joli porche, élevé dans ce but, et qui est, selon toutes les apparences, un ouvrage du xiie siècle. Un rang de colonnes, dont le fût est entièrement dégagé, règne de chaque côté de cette élégante construction. Les chapiteaux de ces colonnes sont Romans, mais l'arcade en ogive, qui forme l'entrée du porche, rappèle l'époque où s'opéra le mélange des deux styles.

A peu de distance au Sud de l'église a été élevée une modeste chapelle, sur les lieux où exista jadis la demeure de Saint-Gaud.

Sur la route conduisant du bourg à la pointe où le ruisseau de Thar vient tomber dans la grève, on rencontre, au milieu des champs, une autre petite chapelle consacrée à Ste-Anne, et au pied même de la pointe dont nous venons de parler, et qui porte le nom de Rocher-Sainte-Anne, se trouve une fontaine d'excellente eau, sortant des sables, et au bord même de la mer.

Chaque année, le dimanche le plus voisin du 28 juillet, qui est le jour de la fête patronale de St-Pair, de nombreux pèlerins viennent de fort loin faire leurs dévotions aux tombeaux des bienheureux dont ce village possède les reliques, puis, on les voit se rendre à la fontaine Sainte-Anne, où ils font, les uns, des ablutions, les autres, d'abondantes libations, espérant trouver dans cette eau un souverain remède à leurs maladies.

Le propriétaire de cette fontaine, pré-

lève chaque année, sur la piété des pèlerins, un très-joli revenu, au moyen de
cette eau, qu'il leur fait payer cinq centimes le verre.

En sortant du bourg pour se rendre à la
chapelle Ste-Anne, on voit, à main droite,
les bâtiments de l'ancienne baronnie, qui
portent le cachet d'une assez haute an-
tiquité.

LES ILES CHAUSEY.

Le groupe des îles de Chausey est situé à 12 kilomètres environ à l'O. 1/4 N. O. du roc de Granville. Cet archipel, composé de cinquante et quelques îles, a plus de 12 kilomètres d'étendue, de l'Est à l'Ouest, et un peu moins de 8 kilomètres du Nord au Sud. Les plus considérables, sont la Grande-Ile, l'Ile-Longue, et les Trois-Huguenans. La première, seule, est habitée, et a de l'eau douce, mais elle est totalement privée d'arbres, ainsi que toutes les autres.

Avant que la mer les eût séparées du continent, elles servaient de retraite à un grand nombre de solitaires; dans la suite, il s'y établit même une abbaye, que Richard 1er duc de Normandie, rendit dépendante du Mont-Saint-Michel, mais sur laquelle on n'a pas de documents étendus, ni absolument certains.

Le fameux Bernard d'Abbeville, qui y vivait dès l'an 1089, la quitta vers l'an 1105, pour aller, deux ans plus tard, fonder celle de Tiron, au diocèse de Chartres; en 1343, Philippe de Valois, roi de France, l'ôta aux Bénédictins, pour la donner aux Cordeliers, qui y eurent un si grand nombre de religieux, que, jusqu'en 1535, d'après les registres de l'évêché de Coutances, dont elle dépendait, ils envoyaient à chaque ordination, trois ou quatre sujets pour les ordres sacrés. Les Anglais ayant pillé deux fois ces moines, ceux-ci, furent enfin obligés d'abandonner leur monastère, en 1543. Ils vinrent alors s'établir en terre ferme, à deux kilomètres environ de Granville, sur le chemin de Villedieu, où ils ont subsisté jusqu'à la révolution de 1789.

Vers le milieu de l'avant dernier siècle, il existait encore à Chausey, un petit fort, et quelques ruines, mais on n'y voit plus aujourd'hui, que quelques pans de murailles, décorés encore du nom de château, et auxquels sont adossées des granges. On voit aussi, sur la Grande-Ile, quelques maisons d'habitation, pour les personnes chargées du soin de la ferme qui s'y trouve, et des cabanes pour les ouvriers carriers, occupés à l'exploitation des magnifiques carrières de granit, ou pour ceux employés à la combustion des varechs, pour la fabrication de la soude.

Cet amas de rocs, la plupart stériles, formait jadis un gouvernement, dépendant de la maison de Matignon, et en 1736 encore, M. le duc de Valentinois en avait le titre de gouverneur, sans y résider. Il fut plus tard concédé par l'État, puis enfin mis en vente, et il est devenu aujourd'hui une propriété particulière.

On récolte à Chausey, du foin, du froment, de l'orge, mais les profits les plus considérables sont ceux que procurent à ses propriétaires, l'extraction des granits, et la combustion des varechs.

On va élever un phare de 3ᵉ ordre, sur la pointe dite de la *Tour*, dans la grande île ; son feu se croisera avec ceux des phares de Granville et du cap Fréhel.

Ces îles, très-poissonneuses, offrent un but de promenade délicieuse, dans la belle saison, aux étrangers qui se trouvent alors à Granville. De nombreuses parties de pêche s'y organisent pour l'époque des grandes marées, c'est-à-dire, lors des nouvelles et pleines lunes; elles offrent également un vif attrait au botaniste, à l'amateur des coquilles, et au naturaliste, en général, en raison du nombre et de la variété de leurs produits.

JERSEY.

✻✻✻

Un but de promenade plus attrayant encore, et d'un bien plus grand intérêt pour le touriste, est l'île de Jersey.

Nous n'entreprendrons pas d'en faire ici la description, seulement nous engagerons les étrangers à faire ce petit voyage, et à se munir avant leur départ, de la notice sur Jersey, ou Guide du voyageur dans cette île, imprimée et vendue à Granville, chez M. Noël Got, et qui se trouve aussi chez tous les libraires de cette ville.

CATALOGUE

des

COQUILLES DE LA COTE DE GRANVILLE

⊱⊚⊚⊚⊰

Nomenclature de *Linné*, édition de *Gmelin*, de
Lamarck et de MM. *Maton* et *Rackett*,
(transactions de la Société Linnéenne
de Londres)

MULTIVALVES.

CHITON. — *Linn. Gmel. p.* 3202.

1 CHITON FASCICULARIS. Linn. Gmel. p. 3202.
Lamk. 6. (1) p. 321. n° 5. Soc. Lin. Lond.
tome 8. p. 21. n° 3. Tab. 1. Fig. 1.

Se trouve sur les pierres et les rochers. Rare.

2 C. MARGINATUS. Linné, Gmelin, page 3206.
Lamarck, 6. (1) p. 321. n° 6. Société Lin.
Londres. 8 p. 21. n° 4. t. 1 f. 2.

Plus petite que la précédente. Ses bords sont
lisses, réfléchis et dentés comme une scie.

3 **C. ALBUS.** Linn. Gmel. p. 3204. Soc. Lin.
Lond. 8. p. 22. n° 7. t. 1. f. 4.

Se trouve sur les huîtres.

4 **C. CINEREUS.** Linn. Gmel. p. 3204. Soc. Lin.
Lond. 8. p. 22. n° 6. t. 1. f. 3.

Se trouve sur les pierres et les huîtres.
Commune.

LEPAS. — *Linn. Gmel. p.* 3207

1 **L. PUNCTATA.** Testâ conicâ punctatâ, operculis obtusis. Soc. Lin. Lond. 8. p. 24. n° 3.

Se trouve sur les pierres. Assez commune.

2 **L. BALANUS.** Linn. Gmel. p. 3207. *Balanus
sulcatus.* Lamarck 5. p. 390. n° 2. Société Lin.
Lond. 8 p. 23 n° 1.

Se trouve sur les testacés et les pierres.
Très-commune.

3 **L. BALANOIDES.** Linn. Gmel. p. 3207. *Balanus
ovularis?* Lamk. 5. p. 392 n° 8. Soc. Linnéenne
de Londres 8. p. 23 n° 2.

Même habitation que la précédente. Très-
commune.

4 **L. RUGOSA.** Testâ subcylindraceâ, operculis
acutissimis. Soc. Lin. Londres. 8. p. 25. n° 7.
t. 1. f. 5.

Même habit. Assez rare.

5 **L. INTERTEXTA.** Testâ depressiusculâ , oper-
culis indistinctis , valvulis intertextis striatis.
Soc. Lin. Lond. 8. p. 26. n° 9. *Creusia Verruca.*
Lamk. 5. p. 400. n° 3.

Assez commune sur le peigne operculaire.

6 **L. ELONGATA.** Linn. Gmel. p. 3213. Soc. Lin.
Lond. 8. p. 26 n° 8. Comm. sur les rochers.

7 **L. ANATIFERA.** Linn. Gmel. p. 3211. Soc. Lin.
Lond. 8. p. 28. n° 13. *Anatifa Lœvis.* Lamk. 5.
p. 404 n° 1.

Hab. sur les vieux bois à la mer.

8 **L. SCALPELLUM.** Linn. Gmel. p. 3210. Société
Lin. Lond. 8. p. 27. n° 11. *Pollicipes Scalpellum.*
Lamk. 5. p. 407. n° 3.

Hab. sur les varechs et les tubulaires.

PHOLAS. — *Linn. Gmel. p.* 3214.

1 **P. DACTYLUS.** Linn. Gmel. p. 3214. Soc. Lin.
Lond. 8. p. 30. n° 1. Lamk. 5. p. 444. n° 1.
Se trouve dans le bois pourri et la glaise.

2 **P. CANDIDA.** Linn. Gmel. p. 3215. Soc. Lin.
Lond. 8. p. 31. n° 2. Lamk. 5. p 444 n° 3.

MYA. — *Linn. Gmel. p.* 3217

1 **M. INOEQUIVALVIS.** Testâ sub-triangulari, um-

bonibus incurvatis gibbis. Soc. Lin. Lond. 8. page 40. n° 12. t. 1. f. 6. *Corbula Nucleus.* Lamk. 5. p. 496. n° 6. Commune.

2 **M. ARENARIA.** Linn. Gmel. p. 3218. Soc. Lin. Lond. 8. p. 35. n° 4. Lamk. 5. p. 461 n° 2. — Hab. dans le sable. Rare.

3 **M. TRUNCATA.** Linn. Gmel. p. 3217. Soc. Lin. Londres 8. p. 35. n° 3. Lamk. 5. p. 461. n° 1. — Commune.

SOLEN. *Linn. Gmel. p.* 3223.

1 **S. VAGINA.** Linn. Gmel. p. 3223. Soc. Lin. Lond. 8. p. 42. n° 1. Lamk. 5. p. 451 n° 1. —Commune.

2 **S. ENSIS.** Linn. Gmel. p. 3224. Soc. Lin. Lond. 8. p. 44. n° 4. Lamk. 5. p. 452 n° 5. Plus commune encore que la précédente.

3 **S. VESPERTINUS.** Linn. Gmel. p. 3228. Soc. Lin. Lond. 8. p. 47. n° 8. *Psammobia vespertina.* Lamk. 5. p. 513. n° 3.

TELLINA. *Linn. Gmel. p.* 3235.

1 **T. DONACINA.** Linn. Gmel. p. 3234. Soc. Lin. Lond. 8. p. 50. n° 4. t. 1. fig. 7. Lamarck. 5. p. 527. n° 27. Peu commune.

2 **T. fabula.** Linn. Gmel. p. 3239. Soc. Lin. Lond. 8. p. 52. n° 7. Lamk. 5. p. 526 n° 24.— Commune.

3 **T. tenuis.** Testâ sub-triangulari, planiusculâ, tenerrimâ. Soc. Lin. Lond. 8. p. 52 n° 8. Lamk. 5. p. 527. n° 25. — Commune.

4 **T. solidula.** Testâ sub-globosâ, anteriùs sub-angulatâ. Soc. Lin. Lond. 8. p. 58. n° 19. Lamk. 5. p. 523 n° 51. — Commune.

5 **T. depressa.** Linn. Gmel. p. 3238. Soc. Lin. Lond. 8. p. 51 n° 6. Lamk. 5. p. 526. n° 22.— Rare.

6 **T. crassa.** Testâ sub-rotundâ, depressâ, sulcis transversalibus numerosissimis. Soc. Lin. Lond. 8. p. 55. n° 13. Lamk. 5. p. 529. n° 35. *Venus crassa.* Linn. Gmel. p. 3288. Pas rare.

7 **T. lactea.** Linn. Gmel. p. 3240. Soc. Lin. Lond. 8. p. 56. n° 14. *Amphidesma lucinalis.* Lamk. 5. p. 491. n° 6. — Peu commune.

8 **T. inoequivalvis.** Linn. Gmel. p. 3233. Soc. Lin. Lond. 8. p. 50. n° 3. *Pandora Rostrata.* Lamk. 5. p. 498. n° 1.— Commune.

———

CARDIUM. *Linn. Gmel. p.* 3244.

1 **C. exiguum.** Testâ sub-cordatâ, sub-angulatâ, sulcis recurvato-imbricatis. Soc. Lin. Lond. 8.

— 148 —

p. 61. n° 2. Lamk. 6. (1) p. 14. n° 35. — Commune.

2 **C. lævigatum.** Linn. Gmel. p. 3251. Soc. Lin. Lond. 8. p. 65. n°8. Lamk. 6. (1) p. 11 n° 26. —Commune.

3 **C. edule.** Linn. Gmel. p. 3252. Soc. Lin. Lond. 8. p. 65. n° 9 Lamk. 6. (1) p. 12. n° 31. —Très-commune, dite Coque de Genets.

4 **C. echinatum.** Linn. Gmel. p. 3247. Soc. Lin. Lond. 8. p. 63. n° 5. Lamk. 6. (1) p. 7. n° 14. —Commune.

MACTRA. *Linn. Gmel. p.* 3256.

1 **M. glaucà.** Linn. Gmel. p. 3260. Soc. Lin. Lond. 8. p. 68 n° 2. *Mactra helvacea.* Lamk. 5. p. 474 n° 5. — Commune.

2 **M. stultorum.** Lin. Gmel. p. 3258. Soc. Lin. Lond. 8. p. 69. n° 4. Lamk. 5. p. 474. n° 7.— Commune.

3 **M. solida.** Linn. Gmel. p. 3259. Soc. Lin. Lond. 8. p. 70. n° 3. Lamk. 5. p. 477 n° 23. — Très-commune.

4 **M. sub-truncata.** Testâ triangulatâ, lævi, crassiusculâ, umbonibus tumidioribus. Soc. Lin. Lond. 8. p. 71. n° 6. t. 1. f. 11. Pas rare.

5 **M. listeri.** Linn. Gmel. p. 3261. Soc. Lin.

Lond. 8.p. 71 n° 7. *Lutraria compressa* ? Lamk.
5. p. 469. n° 4.

6 **M. LUTRARIA.** Lin. Gmel. p. 3259. Soc. Lin.
Lond. 8. p. 73. n° 13. *Lutraria elliptica.* Lamk.
5. p. 468. n° 2. — Rarement entière.

7 **M. HIANS.** testâ oblongâ, rudi, extremitate
anteriore repando hiante. Soc. Lin. Lond. 8.
p. 74. n° 12. *Mya oblonga.* Linn. Gmel. p. 3221.
Lutraria solenoïdes. — Lamk. 5. p. 468 n° 1.—
Très-commune.

DONAX. — *Linn. Gmel.* 3262.

1 **D. COMPLANATA.** Testâ oblongâ, lœvi, gla-
berrimâ, margine integerrimo. Soc. Lin. Lond.
8. p. 75 n° 2. — Commune.

VENUS. — *Lin. Gmel. p.* 3266.

1 **V. VERRUCOSA.** Linn. Gmel. p. 3269. Soc. Lin.
Lond. 8. p. 78. n° 2 Lamk. 5. p. 586. n° 7. —
Pas rare.

2 **V. GALLINA.** Linn. Gmel. p. 3270. Soc. Lin.
Lond. 8. p. 82. n° 10. Lamk. 5. p. 591. n° 24.
Peu commune.

3 **V. CHIONE.** Linn. Gmel. p. 3272. Soc. Lin.

18

Lond. 8. p. 84. n° 13. *Cytherea Chione*. Lamk. 5. p. 566. n° 22. — Extrêmement rare.

4 V. EXOLETA. Linn. Gmel. p. 3284. Soc. Lin. Lond. 8. p. 87. n°19. t. 3. f. 1. *Cytherea Exoleta*. Lamk. 5. p. 572. n° 48. — Peu rare.

5 V. OVATA. Testâ ovatâ, longitudinaliter sulcatâ, transversìm obsoletè striatâ. Soc. Lin. Lond. 8. p. 85. n° 14. t. 2. f. 4. Lamk. 5. p. 607. n° 87. — Peu commune.

6 V. AUREA. Linn. Gmel. p. 3288. Soc. Lin. Lond. 8. p. 90 n° 24. t. 2. f. 9. Lamarck 5. p. 600. n° 56. — Peu commune.

7 V. PERFORANS. testâ sub-rhomboïdeâ, anticè truncatâ, rugosâ, posticè transversìm striatâ. Soc. Lin. Lond. 8. p. 89. n° 22. *Venerupis Perforans*. Lamk. 5. p. 506. n° 1.

Cette espèce, assez rare, perce les pierres, la glaise et le bois, et elle s'y niche comme les pholades.

8 V. DECUSSATA. Linn. Gmel. p. 3294. Soc. Lin. Lond. 8. p. 88. n° 20. t. 2. f. 6. Lamk. 5. p. 597. n° 46. Var. (3). — Assez commune.

9 V. PULLASTRA. Testâ oblongo-ovatâ, anticè angulatâ, delicatissimè decussatim striatâ. Soc. Lin. Lond. 8. p. 88. n° 21. t. 2. f. 7. Lamk. 5. p. 597. n° 47.

Commune. Connue sous le nom de coque.

10 **V. VIRGINEA.** Linn. Gmel. p. 3294. Soc. Lin. Lond. 8. p. 89. n° 23. t. 2. f. 8. Lamk. 5. p. 600. n° 57. Var. (2). —— Commune.

ARCA. — *Linn. Gmel. p.* 3305.

1 **A. LACTEA.** Linn. Gmel. p. 3309. Soc. Lin. Lond. 8. p. 92. n° 3. Lamk. 6. (1) p. 40. n° 17.
Se trouve communément en valves séparées, mais rarement entière.

2 **A. PILOSA.** Linn. Gmel. p. 3314. Soc. Lin. Lond. 8. p. 94. n° 5 t. 3. f. 4. *Pectunculus glycimeris, an Pilosus?* Lamk. 6. (1) p. 49. n° 1, 2?
—Commune.

3 **A. NUCLEUS.** Linn. Gmel. p. 3314. Soc. Lin. Lond. 8. p. 95. n° 6. *Nucula Margaritacea.* Lamk. 6. (1) p. 59. n° 6. — Peu commune.

OSTREA. — *Linn. Gmel. p.* 3315.

PEIGNES.

1 **O. MAXIMA.** Linn. Gmel. p. 3315. Soc. Lin. Lond. 8. p. 96. n° 1. *Pecten Maximus.* Lamk. 6. (1) p. 163, n° 1.
Se trouve aux îles de Chausey.

2 **O. JACOBOEA.** Linn. Gmel. p. 3316. Soc. Lin.
Lond. 8. p. 97. n° 2. *pecten Jacobæus.* Lamk. 6.
(1) p. 163. n° 3. — Rare.

3 **O. VARIA.** Linn. Gmel. p. 3324. Soc. Lin.
Lond. 8. p. 97 n° 3. *pecten Varius.* Lamk. 6. (1)
p. 175. n° 47. — Commune.

4 **O. OPERCULARIS.** Linn. Gmel. p. 3325. Soc.
Lin. Lond. 8. p. 98. n° 4. *Pecten Opercularis.*
Lamk. 6. (1) p. 172. n° 34. Var. (b). Cette
espèce est rare.

5 **O. LINEATA.** Testâ inœquivalvi, radiis viginti
longitudinaliter punctato scabris, operculo con-
vexiore. Soc. Lin. Lond. 8. p. 99. n° 5. *Pecten
Lineatus.* Lamk. 6 (1) p. 172. n° 35. — Semble
être une variété de la précédente.

HUITRES PROPREMENT DITES.

6 **O. EDULIS.** Linn. Gmel. p. 3334. Soc. Lin.
Lond. 8. p. 101. n°9. Lamk. 6. (1) p. 203. n°1.
— Commune.

ANOMIA. — *Linn. Gmel. p. 3340.*

1 **A. EPHIPPIUM.** Linn. Gmel. p. 3340. Soc. Lin.
Lond. 8. p. 102. n° 1. Lamk. 6. (1) p. 226.

n° 1. Se trouve sur les huîtres. Particulièrement commune dans les parcs.

2 **A. SQUAMULA.** Linn. Gmel. p. 3341. Soc. Lin. Lond. 8. p. 102. n° 2. Lamk. 6. (1) p. 228 n° 8 ? — Aussi commune que la précédente , dont elle pourrait bien n'être qu'une jeune variété.

3 **A. UNDULATA.** Linn. Gmel. p. 3346. Soc. Lin. Lond. 8. p. 103. n° 4. — Même habitation, plus rare.

4 **A. ACULEATA.** Linn. Gmel. p. 3346. Soc. Lin. Lond. 8. p. 103. n° 3. —— Petite et arrondie , assez rare.

MYTILUS. — *Linn. Gmel. p. 3353.*

1 **M. EDULIS.** Linn. Gmel. p. 3353. Soc. Lin. Lond. 8. p. 105. n° 3. Lamk. 6. (1) p. 126. n° 29. — Très-commune.

2 **M. INCURVATUS.** Testâ læviusculâ violaceâ , valvis incurvatis. Soc. Lin. Lond. 8. p. 106. n° 4. t. 3. f. 7. Lamk. 6. (1) p. 127. n° 33. — Commune.

3 **M. MODIOLUS.** Linn. Gmel. p. 3354. Soc. Lin. Lond. 8. p. 107. n° 7. *an Modiola Tulipa?* Lamk. 6. (1) p. 111. n° 2. — *Junior modiola barbata.* Ejusdem. ibid. p. 114. n° 14. — Assez comm.

4 **M. rugosus.** Linn. Gmel. p. 3352. Soc. Lin.
Lond. 8. p. 105. n° 2. *Saxicava Rugosa.* Lamk.
5. p. 501. n° 1. — Assez commune dans les
pierres et le test des grosses huîtres.

PINNA. — *Linn. Gmel. p.* 3363.

1 **P.** *Ingens.* Testâ rugosissimâ, rugis concen-
tricis, irregularibus, longitudinaliter à rostro
decurrentibus, et versùs cardinem angulo recto
inflexis. Soc. Lin. Lond. 8. p. 112. n° 1. Lamk.
6. (1) p. 134. n° 13. — Cette espèce ne se
trouve jamais sur la côte, mais les pêcheurs
de maquereau la prennent quelquefois au
large.

2 **P. pectinata.** Linn. Gmel. p. 3364. Soc. Lin.
Lond. 8. p. 113. n° 2. Lamk. 6. (1) p. 133.
n° 9. Var. (a), (b). — Les pêcheurs la rap-
portent avec la précédente, mais très-rare-
ment.

UNIVALVES.

CYPROEA. — *Linn. Gmel. p.* 3397.

1 **C. pediculus.** Linn. Gmel. p. 3418. Soc. Lin.

Lond. 8 p. 120. n° 1. Lamk. 7. p. 403. n° 64.
— Commune.

BUCCINUM. — *Linn. Gmel. p.* 3469.

1 **B. LAPILLUS.** Linn. Gmel. p. 3484 Soc. Lin.
Lond. 8. p. 135. n° 4. *Purpura Lapillus.* Lamk.
7. p. 244. n° 30. — Hab. sur les rochers. Très-
commune.

2 **B. UNDATUM.** Linn. Gmel. p. 3492. Soc. Lin.
Lond. 8. p. 137. n° 7. Lamk. 7. p. 263. n° 1.
— Très-commun. Ce Buccin est connu sous le
nom de Ran.

3 **B. RETICULATUM.** Linn. Gmel. p. 3495. Soc.
Lin. Lond. 8. p. 137. n° 8. Lamk. 7. p. 267.
n° 14. — Aussi commun que le précédent.

4 **B. MACULA.** Testâ ovatâ, transversìm striatâ,
labro incrassato. Soc. Lin. Lond. 8. p. 138.
n° 10. t. 4. f. 4. — Cette espèce a été regardée
comme une variété de la précédente, mais
l'inspection de la lèvre suffit pour en démontrer
la différence.

STROMBUS. — *Linn. Gmel. p.* 3506.

1 **S. PES PELECANI.** Linn. Gmel. p. 3507. Soc.
Lin. Lond. 8. p. 141. n° 1. *Rostellaria pes Pele-*

canis. Lamk. 7. p. 193. n° 3. — On en trouve quelquefois des échantillons au Nord du Roc, mais elle est fort rare.

2 **S. costatus.** Testâ subulatâ, labro rotundato. Soc. Lin. Lond. 8. p. 141. n° 2. — Cette petite espèce, qu'on prendrait facilement au premier coup-d'œil, pour un fuseau, ou un petit turbo turriculé, est peu commune.

MUREX. — *Linn. Gmel. p.* 3524.

1 **M. erinaceus.** Linn. Gmel. p. 3530. Soc. Lin. Lond. 8. p. 142. n° 1. Lamk. 7. p. 172. n° 48. — Commune.

2 **M. nebula.** Testâ turritâ, anfractibus acto-costatis, subtilissimè reticulatis, caudâ obliquâ. Soc. Lin. Lond. 8. p. 143. n° 4. — Commun.

3 **M. costatus.** Testâ oblongâ, sub-caudatâ, costis elevatis longitudinalibus. Soc. Lin. Lon. 8. p. 144. n° 5. — Commune.

TROCHUS. — *Linn. Gmel. p.* 3565.

1 **T. magus.** Linn. Gmel. p. 3567. Soc. Lin. Lond. 8. p. 151. n° 1. Lamk. 7. p. 15. n° 21. — Très-commun.

2 **T. lineatus.** Testâ sub-conicâ, umbilicatâ,

anfractibus convexiusculis. Soc. Lin. Lond. 8.
p. 152. n° 3. — Cette coquille, conique, et de
la grosseur d'une noisette, est peu commune.

3 **T. UMBILICATUS.** Testâ umbilicatâ, depressâ,
anfractibus contiguis. Soc. Lin. Lond. 8. p.
153. n° 4. — Commun.

4 **T. EXIGUUS.** Testâ imperforatâ, conicâ, striatâ,
anfractibus Crenato-lineatis. Soc. Lin. Lond. 8.
p. 156. n° 10. — Assez commune.

5 **T. CRASSUS.** Testâ imperforatâ, sub-ovatâ, co-
lumellâ uni-dentatâ. — Peu commune. Cette
espèce est d'une assez grande dimension.

6 **T. ZIZYPHINUS.** Linn. Gmel. p. 3579. Soc. Lin.
Lond. 8. p. 156. n° 9. Lamk. 7. p. 23. n° 46.
— Commune. Belle espèce.

7 **T. PAPILLOSUS.** Testâ imperforatâ, conicâ,
lineato-punctatâ, basi gibbâ. Soc. Lin. Lond. 8.
p. 155. n° 8. — Rare. — Cette espèce qu'on
peut facilement confondre avec la précédente,
est plus grosse, plus mince, et plus aiguë au
sommet; les tours de spire ne sont pas non
plus bordés.

TURBO. — *Linn. Gmel. p.* 3588.

1 **T. JUGOSUS.** Testâ sub-ovatâ, Ventricosiore,
anfractibus sulcatis. Soc. Lin. Lond. 8. p. 158.

19

n° 1. t. 4. f. 7. — Hab. les rochers. Commun.

2 **T. littoreus.** Linn. Gmel. p. 3588. Soc. Lin. Lond. 8. p. 158. n° 2. t. 4. f. 8, 9, 10, 11. Lamk. 7. p. 47. n° 24. — Hab. sur les rochers. — Très-commun.

3 **T. rudis.** Testâ sub-ovatâ, obtusiore, anfractibus ventricosis. Soc. Lin. Lond. 8. p. 159. n° 3. t. 4. f. 12, 13. Lamk. 7. p. 49. n° 29. — Même habitation.

4 **T. pullus.** Linn. Gmel. p. 3589. Soc. Lin. Lond. 8. p. 162. n° 10. an. Lamk. p. 49. n° 31? — Habite dans le gros sable. — Cette petite espèce est de couleur rose, et très-jolie.

5 **T. ulvoe** Testâ acuminato-conicâ, aperturâ sub-ovatâ. Soc. Lin. Lond. 8. p. 164. n° 16. — Hab. sur les varechs. Commune.

6 **T. ventrosus.** Testâ conicâ, lœvi, anfractibus sex teretibus, aperturâ sub-ovatâ margine integerrimo. Soc. Lin. Lond. 8. p. 164. n° 17. — Même hab. Moins commun que le précédent.

7 **T. truncatus.** Testâ cylindricâ, anfractibus planiusculis, apice truncato. Soc. Lin. Lond. 8. p. 177. n° 44. — Hab. sur les varechs, avec le Turbo Ulvœ, mais moins commun. Cette coquille, très-petite, est facile à reconnaître à son sommet tronqué.

8 **T. parvus.** Testâ turritâ, anfractibus 5 vel 6,

costis elevatis distantibus. Soc. Lin. Lond. 8.
p. 171. n° 31. — Hab. très-communément avec
le Turbo Ulvœ. Petite.

9 **T. TEREBRA.** Lin. Gmel. p. 3608. Soc. Lin.
Lond. 8. p. 176 n° 43 *Turritella Terebra.* Lamk.
7. p. 56 n° 2. — Rare.

HELIX. — *Linn. Gmel. p.* 3613.

1 **H. ELEGANTISSIMA.** Testâ subulato-Turritâ,
anfractibus obliquè sulcatis. Soc. Lin. Lond. 8.
p. 209. n° 41. — Rare.

2 **H. LOEVIGATA.** Linn. Gmel. p. 3663. Soc. Lin.
Lond. 8. p. 222. n° 66. — Peu commune.

NERITA. — *Linn. Gmel. p.* 3669.

1 **N. GLAUCINA.** Linn. Gmel. p. 3671. Soc. Lin.
Lond. 8. p. 224. n° 2. *Natica Glaucina ??* Lamk.
6. (2) p. 196. n° 1. — Hab. côtes plates. Assez
commune.

2 **N. LITTORALIS.** Linn. Gmel. p. 3677. Soc. Lin.
Lond. 8. p. 226. n° 6. t. 5. f. 15. — Extrêmement commune.

HALIOTIS. — *Linn. Gmel. p.* 3687.

1 **H. TUBERCULATA.** Linn. Gmel. p. 3687. Soc. Lin. Lond. 8. p. 227. n° 1. Lamk. 6. (2) p. 215. n° 6. — Habitant les îles de Chausey. Très-commune.

———

PATELLA. — *Linn. Gmel. p.* 3691.

1 **P. CHINENSIS.** Linn. Gmel. p. 3692. Soc. Lin. Lond. 8. p. 228. n° 1. — Hab. dans les parcs d'huîtres sur lesquelles on la trouve fort souvent adhérente.

2 **P. VULGATA.** Linn. Gmel. p. 3697. Soc. Lin. Lond. 8. p. 229. n° 2. Lamk. 6. (1) p. 331. n° 28. — Commune.

3 **P. PELLUCIDA.** Lin. Gmel. p. 3717. Soc. Lin. Lond. 8. p. 233. n° 9. Lamk. 6. (1) p. 334. n° 42. — Peu commune.

4 **P. VIRGINEA.** Linn. Gmel. p. 3711. Soc. Lin. Lond. 8. p. 234. n° 10. — Peu commune.

5 **P. FISSURA.** Lin. Gmel. p. 3728. soc. Lin. Lond. 8. p. 235. n°. *Emarginula fissura.* Lamk. 6. (2) p. 7. n° 1. — Peu commune.

5 **P. GRÆCA.** Linn. Gmel. p. 3728. Soc. Lin. Lond. 8. p. 236. n° 13. *Fissurella Græca.* Lamk. 6. (2) p. 11. n° 4. — Assez commune.

DENTALIUM. — *Lin. Gmel. p.* 3736.

1 **D. ENTALIS.** Lin. Gmel. p· 3736. Soc. Lin. Lond. 8. p. 237. n° 2. Lamk. 5. p. 345 n° 13. — commune.

SERPULA. — *Linn. Gmel. p.* 3739.

SPIRALES.

1 **S. SPIRILLUM.** Lin. Gmel. p. 3740. Soc. Lin. Lond. 8. p. 240. n° 1. *Spirorbis Spirillum.* Lamk. 5. p. 359. n° 2. — Habitant sur les polypiers flexibles et les varechs, où elle n'est pas très-rare.
2 **S. SPIRORBIS.** Lin. Gmel. p. 3740. Soc. Lin. Lond. 8. p. 241. n° 3. *Spirorbis Nautiloides.* Lamk 5. p. 359. n° 1. — Hab. sur les varechs. Extrêmement commune.
3 **S. CARINATA.** Soc. Lin. Lond. 8. p. 242. n° 6. Même hab. que la précédente.

CONTORTÆ IRREGULARES.

4 **S. VERMICULARIS.** Linn. Gmel. p. 3743. Soc.

Lin. Lond. 8. p. 243. n° 10. Lamk. 5. p. 362.
n° 1. — Hab. sur les grosses coquilles, où elle
forme souvent des groupes considérables. On
la trouve aussi quelquefois simple.

5 S. TRIQUETRA. Lin. Gmel. p. 3740. Soc. Lin.
Lond. 8. p. 244. n° 12. *Vermilia Triquetra.*
Lamk. 5. p. 369. n° 2.— Hab. sur les coquilles,
les pierres, le bois. Très-commune.

6 S. FILOGRANA. Linn. Gmel. p. 3741. Lamk. 5.
p. 364. n° 12. —-Hab. sur nos côtes où elle
n'est pas extrêmement rare.

LIBERÆ

7 S. SEMINULUM. Linn. Gmel. p. 3739. Soc. Lin.
Lond. 8. p. 245. n° 14. — Extrêmement petite.
Commune.

SABELLA. — *Linn. Gmel. p. 3748.*

1 S. CHRYSODON. Linn. Gmel. p. 3749. ——
Cylindrique, droite, et formée de grains de
sable agglutinés ; le tuyau est un peu plus gros
qu'une plume à écrire, et va en diminuant vers
la pointe. Commune.

2 S. ALVEOLATA. Linn. Gmel. p. 3752. — Hab. les roches plates où elle forme des aggrégations souvent fort étendues.

3 S. LUMBRICALIS. Linn. Gmel. p. 3752. — Même habitation que la précédente.

OBSERVATIONS.

Nous ajouterons au catalogue qui précède, quelques conseils aux personnes qui s'occupent de la recherche des coquilles, sur le mode de les pêcher, ainsi que sur la manière de les préparer et encaisser.

20

Les coquilles marines vivent dans la mer, à des profondeurs plus ou moins considérables, dans le sable ou la vase, sur les rochers ou sur les plantes marines.

Un des meilleurs moyens de se les procurer est d'employer la drague à double couteau, dont on doit se servir aussi souvent qu'on le peut, en la faisant traîner par une embarcation, sur les fonds assez unis pour qu'elle ne s'engage pas dans les rochers.

Les fonds de sable, de gravier, de terre glaise et de vase sont ceux qu'il faut explorer avec soin, en les sillonnant dans tous les sens. Les terrains garnis de plantes marines et d'éponges, présentent les conditions les plus favorables pour obtenir de belles récoltes, on devra donc sonder, avant de se mettre à l'œuvre. On pourra placer aux extrémités de la drague, des poids propres à la faire mordre plus profondément le sol, s'il était trop ferme, ou à la faire pénétrer un peu dans la vase.

On retirera la drague de temps en

temps, et l'on examinera attentivement le
sable, la vase, les plantes et les pierres
qu'elle aura rapportés. Les coquilles trou-
vées seront immédiatement mises dans de
l'eau douce.

Pour obtenir le meilleur résultat de
l'emploi de la drague, il faut donner à la
ligne qui la retient quand elle fonctionne,
une longueur égale à trois fois la profondeur de l'eau, et n'imprimer à l'embarcation qu'une vitesse d'un nœud à un nœud
et demi, parce qu'avec une marche plus
accélérée, le couteau ne ferait plus que
sauter sur le fonds, et l'abandonnerait
entièrement, aussitôt que cette marche
atteindrait trois nœuds.

On peut, par une belle mer, draguer à
la profondeur de un à cinquante mètres.

On trouvera aussi, à basse mer, des coquilles cachées dans les plages sablon-
neuses ou vaseuses. Leur présence s'y dé-
cèle ordinairement par de petites bulles
d'air qui crèvent à la surface du sol, par de
petites élévations coniques, des trous, des

espèces de sillons, ou encore par des excréments ayant une forme vermiculaire : en creusant à quelques centimètres de profondeur, on y découvre le mollusque vivant. Une petite pioche ou un simple ciseau de menuisier suffira pour ce travail, qu'il faut faire d'une manière brusque et prompte.

Si dans cette exploration, on a aussi le soin de retourner les pierres, ainsi que les plantes marines et les Madrépores, on trouvera dessous, une infinité de petites coquilles, qu'il ne faudra pas négliger de recueillir.

On devra examiner avec soin les bancs de *Fucus*, on se procurera par là quelquefois des espèces rares.

Quelques personnes se servent avec succès d'un rateau installé à l'extrémité d'une perche et muni d'un filet à mailles serrées. Cet instrument peut servir de drague, dans les endroits dont le fond est vaseux et peu profond.

Chaque fragment de roche, chaque

pierre ou Madrépore rapporté par la drague, sera soumis à un examen attentif ; on découvrira parfois de bonnes espèces à leur surface , dans leurs cavités ou à l'intérieur.

Plusieurs familles de mollusques vivent dans les éponges, dans l'intérieur des bois immergés , dans les roches et les pierres , qu'il faut casser pour en retirer le coquillage , dont l'existence se reconnaît à un trou nettement foré.

Les astéries ou étoiles de mer, devront être examinées avec attention, on trouvera souvent dans leur test , des coquilles parasites peu connues. Des espèces non moins précieuses vivent cachées dans le manteau ou les plis de certains mollusques nuds , on les découvre par la seule pression de la main.

Les coquilles microscopiques sont souvent négligées par les collecteurs, qui les regardent, à tort, comme des coquilles jeunes ou sans intérêt ; elles en ont, au contraire, beaucoup aujourd'hui pour la

science, parcequ'elles sont fort peu connues. On les trouve mêlées avec le sable
du rivage, sur les parties de côtes à l'abri
des grosses mers. On en verra fréquemment dans le sable rapporté par la drague.
On mettra ce sable coquiller dans un fla-
con, en inscrivant sur une étiquette, le
nom du lieu où il aura été recueilli.

Il faut, autant que possible, ne ramas-
ser que des coquilles vivantes, et ne
prendre, parmi les autres, que celles qui
sont restées fraîches et entières, en ne faisant d'exception sur ce point, que pour
les espèces qui paraîtraient vraiment rares.

Pour débarrasser les coquilles de leur
animal, il faut, peu de temps après les
avoir prises, les mettre dans de l'eau
froide, que l'on fera chauffer jusqu'à 50°
Réaumur, en évitant de la sorte le passage
subit d'une température à une autre. On
laissera refroidir un peu l'eau, et l'on pro-
cèdera à l'extraction du mollusque, avec
un couteau pour les bivalves, et au moyen

d'un petit crochet, en forme d'hameçon, pour les univalves.

Il faudra, dans cette opération, avoir grand soin de ménager les bords, la bouche et la spire des coquilles, ainsi que les épines dont elles sont parfois armées.

FLORE MARITIME

DES CÔTES DE GRANVILLE.

❊❊

Abbréviations.

—

Ag	Agardh
J. Ag	Jacob Agardh
Grév	Gréville
*Dec*ne	Decaisne
Lyngb	Lyngbye
*Le Norm*d.	Lenormand
Chauv.	Chauvin
Huds.	Hudson
Hook.	Hooker
Lam	Lamouroux
Carmich	Carmichaël
Gaill.	Gaillon
L.	Linné
Stockh.	Stockhouse
*Bonn*on	Bonnemaison
Harv.	Harvey
Ducluz	Ducluzeau
Dillw.	Dillwyn
Aresch.	Areschong

21

FLORE MARITIME DES CÔTES DE GRANVILLE.

Cystoseira	Ericoïdes	*Ag.*
—	Discors	id.
—	Abrotanifolia	id.
—	Fibrosa	id.
Halidrys	Siliquosa	*Lyngb.*
Fucus	Vesiculosus	*L.*
—	id. Var. Spiralis	*Ag.*
—	id. Var. Lutarius *Chauv.* (Iles de Chausey.)	
—	Serratus	*L.*
—	Canaliculatus	id.
—	Nodosus	id.
—	Tuberculatus	*Huds.*
Haligenia	Bulbosa	*Dec*^{ne}.
Laminaria	Digitata	*Lam.*
—	Saccharina	id.
—	Phyllitis	id.
Desmarestia	Ligulata	id.
—	Aculeata	id.

Dichloria	Viridis	*Grév.*
Sporochnus	Pedunculatus	*Ag.*
Chorda	Filum	*Lam.*
—	Lomentaria	*Grév.*
Mesogloia	Vermicularis	*Ag.*
—	Griffithsiana	*Grév.*
Myrionema	Strangulans	id.
Leathesia	Marina	id.
Asperococcus	Echinatus	id.
—	Bullosus	*Lam.*
—	Pusillus	*Carmich.*
Punctaria	Plantaginea	*Grév.*
Stilophora	Rhizodes	*J. Ag.*
Dictyota	Dichotoma	*Lam.*
—	id. Var. Acuta	*Chauv.*
—	id. Var. Intricata	*Duby.*
Cutleria	Multifida.	*Grév.*
Padina	Pavonia	*Gaill.*
—	Reptans	*Crouan ?*
—	Deusta	*Grév.*
Haliseris	Polypodioides	*Ag.*
Lichina	Pygmæa	id.
—	Confinis	id.

Furcellaria	Fastigiata	*Ag.*
Polyides	Rotundus	*Grév.*
Delessaria	Sanguinea	*Lam.*
—	Sinuosa	id.
—	Alata	id.
—	Hypoglossum	id.
Nitophyllum	Punctatum	*Grév.* (Iles de Chausey.)
—	Laceratum	*Grév.*
—	id. Var. Uncinatum	*Le Norm*[d]
Rhodomenia	Bifida	*Grév.*
—	Palmetta	id.
—	Ciliata	id.
—	id. Var Palmata	*Le Norm*[d]
—	id. Var Jubata	id.
—	id. Var Linearis	id.
—	Palmata	*Grév.*
—	id. Var. Sarniensis	id.
—	id. Var. Polycarpa	*Le Norm*[d]
—	id. Var. Sobolifera	id. (Iles de Chausey.)
Plocamium	Coccineum	*Lyngb.*
—	id. Var. Uncinatum	*J. Ag.*
Ptilota Plumosa Var. Tenuissima *Ag.*		

Rhodomela	Subfusca	*Ag.*
Rityphlæa	Pinastroïdes	id.
Laurencia	Pinnatifida	*Lam.*
—	Hybrida	*Le Norm*[d]
—	Pyramidalis	*Bory.*
—	Obtusa	*Lam.*
—	Dasyphylla	*Grév.*
—	id. Var. Articulata	*Le Norm*[d]
—	Tenuissima	*Grév.*
Chylocladia	Ovalis	id.
—	id. Var. Microphylla	*Le Norm*[d]
—	id. Var. Subarticulata	id.
—	Kaliformis	*Grév.*
—	Parvula	id.
—	Articulata	id.
Gigartina	Teedii	*Lam.*
—	Acicularis	id.
—	Griffithsiæ	id.
—	Plicata	id.
—	Confervoïdes	id.
—	id. Var. Procerrima	*Hook.*
—	id. Var. Geniculata	id.
—	Compressa	id.
—	Purpurascens	*Lam.*

Sphærococcus	Coronopifolius	*Ag.*
Gelidium	Corneum	*Lam.*
—	id. Var. Crinale	*Grév.*
Chondrus	Mamillosus	id.
—	Crispus	*Lyngb.*
—	Membranifolius	*Grév.*
—	id. Var. Fimbreatus	*Ag.*
Phyllophora	Rubens	*Grév.*
Grateloupia	Filicina	*Ag.*
Bonnemaisonnia	Asparagoïdes	id.
Dudresnoya	Coccinea	*Crouan.*
—	Divaricata	*J. Ag.*
Crouania	Attenuata	id. (Iles
	de Chausey.)	
Gloiosiphonia	Capillaris	*Carmich.*
Iridœa	Edulis	*Grév.*
Halymenia	Ligulata	*Ag.*
Dumontia	Filiformis	*Grév.*
—	id. Var. Incrassata	*Le Norm*[d]
—	id. Var. Tenuis	id.
Catenella	Opuntia	*Grév.*
Corallina	Officinalis	L.
Jania	Rubens	*Lam.*
—	Corniculata	id.

Melobesia	Farinosa	*Lam.*
—	Verrucata	id.
—	Pustulata	id.
Porphyra	Vulgaris	*Ag.*
—	id. Var. Laciniata	*Grév.*
—	id. Var. Umbilicata	*Ag.*
Ulva	Lactuca	*L.*
—	id. Var. Latissima	*Le Norm*[d]
—	Linza	*L.*
Solenia	Intestinalis	*Ag.*
—	id. Var. Crispa	id.
—	Compressa	id.
—	id. Var. Polifera	id.
—	Clathrata	id.
—	id. Var. Uncinata	id.
Codium	Tomentosum	*Stockh.*
—	Adhœrens	*Ag.* (Iles de Chausey.)
—	Bursa	*Lam.*
Bryopsis	Hyproïdes	id.
Cladostephus	Verticillatus	*Lyngb.*
—	Spongiosus	*Ag.*
Sphacelaria	Scoparia	*Lyngb.*
—	id. Var. Disticha	*Le Norm*[d]

Sphacelaria	Sertularia	*Bonn*[ᵉ].
—	Cirrhosa	*Ag.*
—	id. Var. Patentissima	*Grév.*
—	id. Var. Simplex	*Ag.*
—	Velutina	Grév.
Ectocarpus	Siliculosus	*Lyngb.*
—	id. Var. Nebulosus	*Ag.*
—	Tomentosus .	*Lyngb.*
Polysiphonia	Urceolata	Grév.
—	Elongata	id.
—	Agardhiana	id.
—	Fastigiata	id.
—	Nigrescens	id.
—	Furcellata	*Harv.*
—	Byssoïdes	Grév.
—	Fruticulosa	id.
Dasya	Coccinea	*Ag.*
—	Arbuscula	id.
Wrangelia	Multifida	*J. Ag.*
Griffithsia	Setacea	*Ag.*
—	Barbata	id.
—	Corallina	id.
—	Equisetifolia	id.
Spyridia	Filamentosa	*Harv.*

Ceramium	Rubrum	*Ag.*
—	id. Var. Virgatum	*Ag.*
—	Diaphanum	*Roth.*
—	Ciliatum	*Ducluz.*
Callithamnion	Plumula	*Ag.*
—	Turneri	id.
—	Corymbosum	id.
—	Tetragonum	id.
—	Pedicellatum	id.
—	Tetricum	id.
—	Rothii	*Lyngb.*
—	Daviesii	*Ag.*
Conferva	Implexa	*Dillw.*
—	Ærea	id.
—	Uncialis	*Lyngb.*
—	Lanosa	*Roth.*
—	Flavescens	id.
—	Globosa	*Ag.*
—	Hutchinsiæ	*Dillw.*
—	Rupestris	L.
—	Simplex	*Lam.*
—	Pellucida	*Huds.*
—	Curta	*Dillw.*
Elachistea	Fucicola	*Aresch.*

22

Elachistea	Scutellata	*Duby.*
Lyngbya	Majuscula	*Harv.*
—	Crispa	*Ag.*
Calothrix	Confervicola	id.
—	Fasciculata	id.
Linkia	Punctiformis	*Lyngb.*
Rivularia	Atra	*Roth.*
—	Pellucida	*Ag ?* (Iles de Chausey.)
—	Nitida	id.
—	Leclancherii	*Chauv.*
Scytonema	Pulverulentum	*Ag.* (Iles de Chausey.)
Alcyonidium	Diaphanum	*Lam.* (*Zoophyte*)
Schizonema	Rutilans	*Ag.*
—	Comoïdes	id.
—	Quadripunctatum	id.
Micromega	Apiculatum	id.
Homæocladia	Anglica	id.
Meloseira	Moniliformis	id.
Diatoma.	Crystallinum.	id.
—	Marinum	id.
Biddulphia	Pulchella	*Gray.*
—	Obliquata	id.

Achnanthes	Longipes	*Ag.*
—	Brevipes	id.
Licmophora	Flabellata	id.
—	Paradoxa	id.

ERRATA.

P. 75, ligne 5, au lieu de *mètres cubes*, lisez : *litres*.

P. 143, ligne 5, au lieu de *Kackett*, lisez : *Rackett*.

P. 171, après la ligne 6, ajoutez :

Les coquilles bivalves, dont il est bon de ne pas désunir les valves, devront être refermées, et entourées d'un fil, après l'extraction du mollusque, et avant que le ligament ne soit entièrement sec.

Il est indispensable de conserver l'opercule des univalves qui en sont pourvues ; c'est une petite pièce calcaire ou cornée dont le mollusque se sert pour fermer l'ouverture de sa demeure. Cet opercule, nécessaire à la classification des espèces, devra être replacé dans la coquille avec un peu de coton pour l'y maintenir, ou enveloppé avec elle dans un morceau de papier.

L'emballage des coquilles demande beaucoup de précaution : On les met

quelquefois avec du son ou de la sciure
de bois dans des caisses bien closes ; mais
il est préférable d'employer du coton ou
de l'étoupe, en ayant soin de placer dans
de petites boîtes séparées les coquilles
rares ou fragiles. Un moyen non moins
bon, est d'emballer à part les coquilles
grosses et solides, et de consacrer à celles
qui sont petites ou légères une boîte particulière, en les mettant dans des cornets
de papier dont l'élasticité suffit pour prévenir toute espèce de fracture.

Pour conserver les coquilles contenant
leur animal, il faut les mettre dans un fla-
con contenant de l'esprit de vin, étendu
d'un tiers d'eau, ou une liqueur alcooli-
que portant environ 19°. Il sera toutefois
indispensable de casser la spire des univalves, avant de les mettre dans la liqueur,
afin que celle-ci pénètre complétement
l'animal, dont l'extrémité supérieure, sans
cette précaution, se corromprait bientôt,
ce qui entraînerait la perte du mollusque.

Le même mode de conservation devra être employé pour les mollusques dépourvus de coquilles, et désignés sous le nom de mollusques *nus*. Ces animaux que l'on trouve sur le rivage, surtout à mer basse, et quelquefois en pleine mer, mêlés aux bancs de *Fucus*, ne sont encore que bien imparfaitement connus.

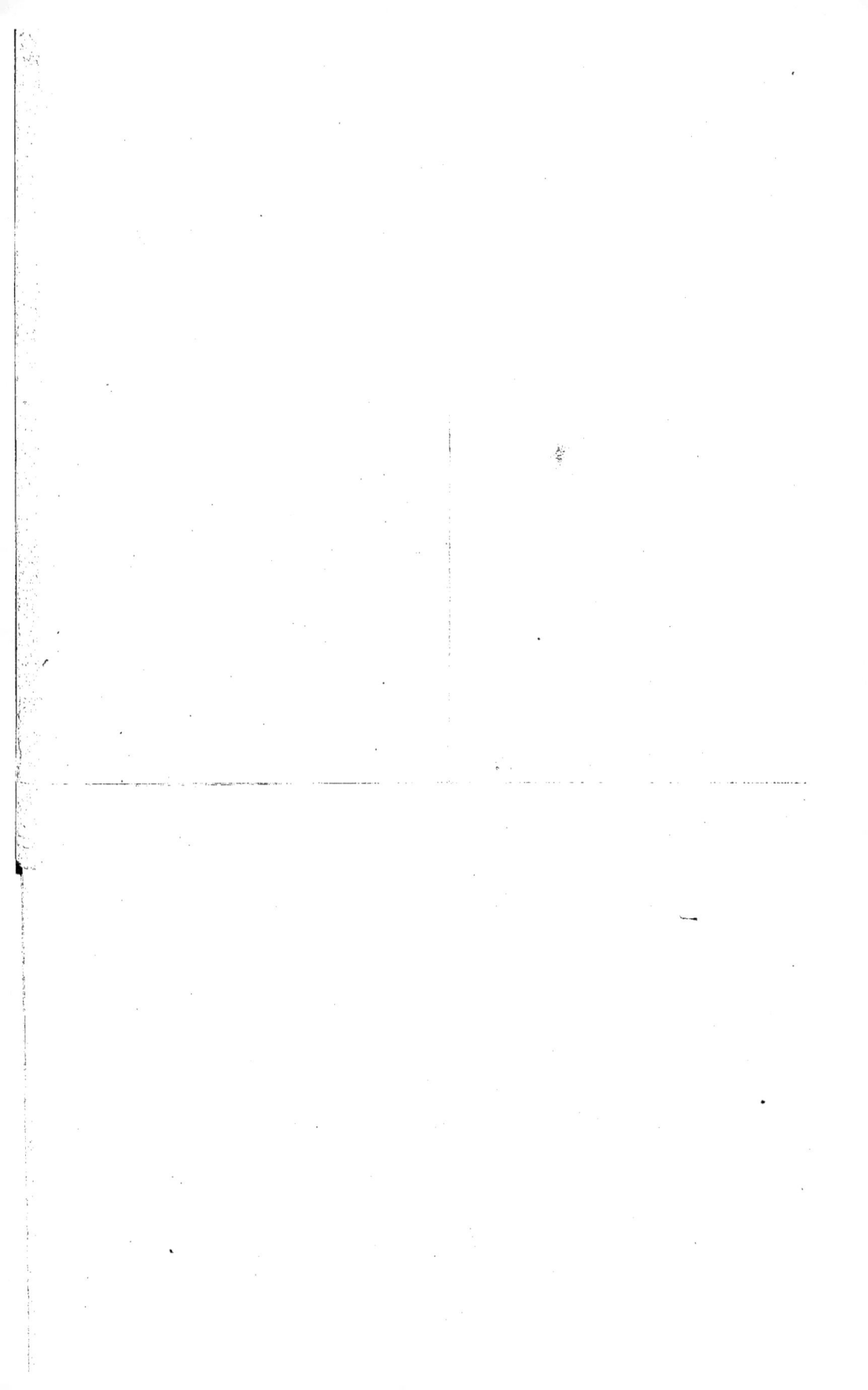

PLAN DE LA VILLE DE GRANVILLE.

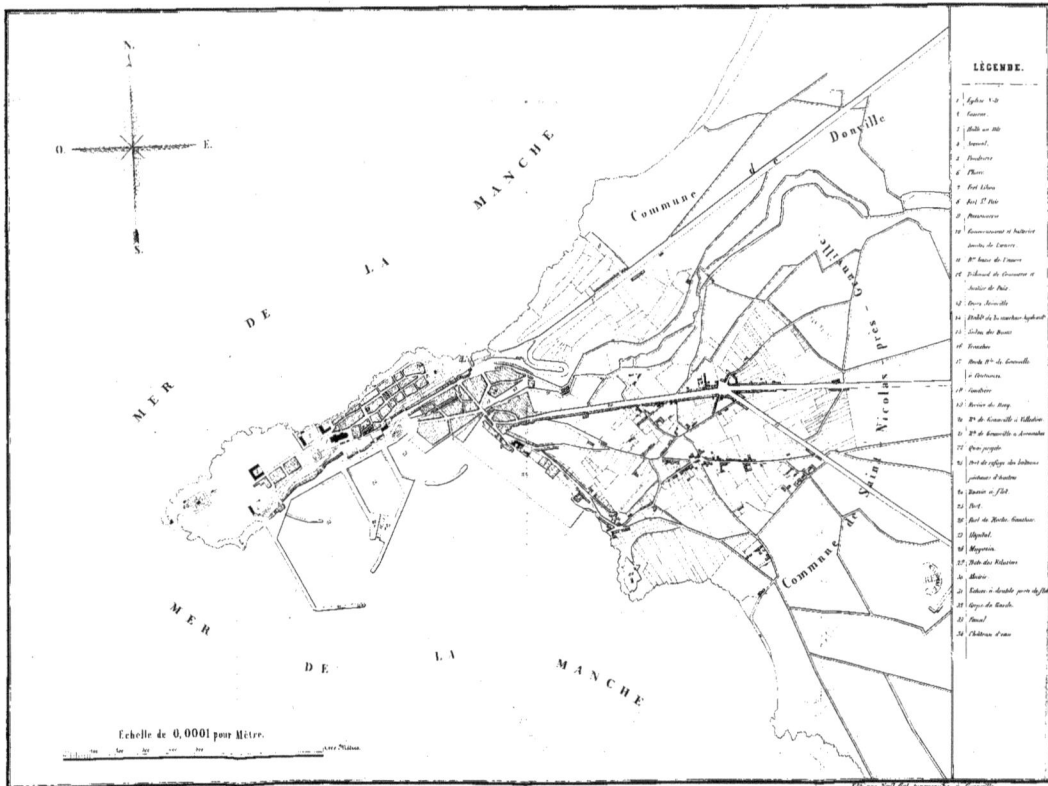

N.

O.   E.

S.

MER

DE

LA

MANCHE

MER   DE   LA   MANCHE

MANCHE

DE   LA

Commune de   Donville

Commune de Saint Nicolas près O.

Commune de

Edité par Noël Fort, typographe à Granville.

Echelle de 0,0001 pour Mètre.

LÉGENDE.

1 Église S.t P.
2 Caserne
3 Halle au Blé
4 Impasse.
5 Poudrière
6 Place
7 Port Libéré
8 Jetée S.t Paie
9 Pénitencier
10 Rassemblement et batteries
   Jardin de l'ouest.
11 B.te basse de l'ouest
12 Tribunal de Commerce et
   Justice de Paix
13 Cours Jonville
14 Abattoir
15 Salins des Prairies
16 Tranchée
17 Route D.le de Granville
   à Coutances
18 Cimetière
19 Rivière du Bosq
20 B.te de Granville à Villedieu
21 B.te de Granville à Avranches
22 Quai projeté
23 Port d'échouage des bateaux
   pêcheurs et Huitres
24 Bassin à flot
25 Port
26 Fort de Roche-Gautier
27 Halle aux Poissons
28 Abattoir
29 Écluse à double porte de flot
30 Corps de Garde
31 Canal
32 Château d'eau

TABLE.

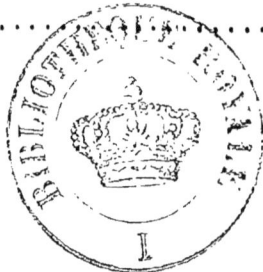

www.ingramcontent.com/pod-product-compliance
Lightning Source LLC
Chambersburg PA
CBHW060550210326
41519CB00014B/3424